Andrew Carnegie
James Watt – sein Leben und seine Erfindungen

SEVERUS Verlag

Carnegie, Andrew: James Watt – sein Leben und seine Erfindungen.
2020
Neuauflage der Ausgabe von 1927
ISBN: 978-3-96345-198-0

Korrektorat: Lilly Pia Seidel
Satz: Lilly Pia Seidel

Umschlaggestaltung: Annelie Lamers, SEVERUS Verlag
Umschlagmotiv: www.pixabay.com

Bibliografische Information der Deutschen Nationalbibliothek: Die
Deutsche Nationalbibliothek verzeichnet diese Publikation in der
Deutschen Nationalbibliografie; detaillierte bibliografische Daten
sind im Internet über https://dnb.de abrufbar.

Der SEVERUS Verlag ist ein Imprint der Bedey & Thoms Media GmbH,
Hermannstal 119k, 22119 Hamburg

SEVERUS Verlag, 2020
http://www.severus-verlag.de
Gedruckt in Deutschland

Andrew Carnegie

James Watt – sein Leben und seine Erfindungen

Eine Biografie aus dem Englischen übersetzt

Inhalt

James Watt

Nach einem Stich von A. Zschokke

Vorwort des Übersetzers

Die Welt erinnert sich in unsern Tagen, dass vor mehr als 100 Jahren durch Watts Erfndung der Dampfmaschine das gegenwärtige Zeitalter mit seiner gänzlich neuen Wirtschaftsverfassung ebenso bestimmend eingeleitet wurde wie geistig und politisch durch die gleichzeitige Französische Revolution. England, das der Leistung Watts den materiellen Vorsprung vor den übrigen Ländern verdankt, anerkannte die Ausnahmestellung Watts auch äußerlich, indem es in der Westminsterabtei sein Standbild in den ehrwürdigen Sonderraum unter die englischen und schottischen Könige setzte und ihn so über die Dichter und Staatsmänner erhoben hat. Und sicherlich hätte auch in ruhigerer Zeit die ganze Welt die hundertste Wiederkehr seines Todestages (1919) festlich begangen, sie bereitet sich indes vor, seinen bevorstehenden 200. Geburtstag zum Anlass einer dankenden Huldigung zu machen, die seine Stellung in der Kulturgeschichte unverrückbar eingräbt.

Unter den nicht eben zahlreichen Lebensbeschreibungen Watts aber ist keine durch die Umstände merkwürdiger, menschlich packender, in den technischen Einzelheiten verständlicher, ethisch ansprechender und durch ihr Erlebtsein zündender als die des Milliardärs und Philanthropen, der in der Zeit seiner industriellen Tätigkeit als reichster Mann der Erde galt, Andrew Carnegie. Mit diesem kleinen und doch erschöpfenden Watt-Buche, das nicht mehr als die Abstattung eines Dankes und eine ver-

gnügliche Beschäftigung sein sollte, hat indes Carnegie
eine notwendige Wegbereiterarbeit getan und einer ent-
mutigten Generation einen starken Ansporn gegeben.

Vorwort des Verfassers

Als mein Verleger von mir eine Lebensgeschichte von James Watt wünschte, da lehnte ich es zuerst ab, dieses Buch zu schreiben, mit der Ausflucht, ich sei zur Genüge mit anderen Dingen beschäftigt – ich hoffte, der Verleger würde nun den Plan fallen lassen. Allein er drang trotzdem weiter in mich, und schließlich sagte ich mir: Warum sollte ich nicht das Leben des Erfinders der Dampfmaschine schreiben, der ich mein großes Vermögen verdanke?

Doch ich wusste selber nur wenig über die Geschichte der Dampfmaschine und noch weniger über Watt selbst, aber ich glaubte, der beste Weg, beide genauer kennenzulernen, wäre, der verlockenden Bitte des Verlegers nachzukommen.

Indes, die Arbeit wollte anfangs nicht recht vom Fleck, ich fühlte mich außerstande für die Aufgabe und stellte dem Verleger vor, dass sein Plan wie ein Alp auf mir läge, aber er drang immer weiter in mich: es sei ihm sehr viel daran gelegen, dass ich dieses Buch schriebe.

Nun kenne ich die Geschichte der Dampfmaschine und ihres Erfinders, und ich habe einen der edelsten Charaktere kennengelernt, mit dem unsere Erde je begnadet worden ist. Dafür bin ich nun meinem Verleger vielen Dank schuldig. Dieses kleine Buch ist das Ergebnis meiner Mühe, und wenn meine Leser auch nur einen kleinen Teil des Vergnügens empfinden, das ich beim Schreiben gehabt habe, so würde der Verfasser sich reich belohnt fühlen.

Jugend- und Lehrjahre

James Watt wurde am 19. Januar 1736 in Greenock in Schottland geboren und erhielt von seinem Elternhause auf seinen Lebensweg einen Vorzug mit, der viel in der Welt gilt: nämlich aus einem guten Nest, aus einer guten Familie zu kommen. Sein Urgroßvater war ein angesehener Landwirt in Aberdeenshire und hatte in den Kämpfen der Covenanter[1] für die Religionsfreiheit sein Leben geopfert. Die Familie wurde aus ihrer alten Heimat vertrieben, und Watts Großvater siedelte nach Greenock über, wo er eine nautische Schule für die Fischer und Seeleute jener Gegend gründete. Dass er als Schulleiter in einer so kleinen und armen Gegend Erfolg hatte, ist kein geringer Beweis für seine Fähigkeiten. Er war ein Mann von ganz außerordentlicher Begabung und von natürlichem, gesundem Menschenverstand, er kam infolgedessen auch im Leben vorwärts, wie es Charakteren solcher Art immer gelingt. Er kaufte sich ein Haus und wurde als Friedensrichter einer der ersten Bürger der Stadt. Kurz vor seinem Tode begründete er noch ein ansehnliches Geschäft für Schiffsbedarf jeglicher Art, ebenso eine Reparaturwerkstätte für nautische Instrumente.

Der steifnackige Sohn dieses steifnackigen Covenanters trat in die Fußstapfen seines Vaters: auch er wurde

---

1   Covenant = Name der Bündnisse, welche die presbyterianischen Schotten zum Schutz ihres Glaubens gegen die katholische und die anglikanische Kirche schlossen.

Schiffsbaumeister und Verfrachter, auch er wurde durch seine Geschicklichkeit in der Herstellung nautischer Instrumente weithin bekannt. Er vergrößerte sein Unternehmen und beschäftigte eine große Anzahl Leute. Wie sein Vater kam auch er zu Ansehen und Einfluss in seiner Heimatstadt. Das Glück blieb ihm lange treu, bis der Verlust eines wertvollen Schiffes nebst anderen Unglücksfällen den Wohlstand vernichtete, den er sich erworben. So kam es, dass sein Sohn, der junge James, zu einem Kaufmann in die Lehre gegeben wurde, anstatt das väterliche Geschäft zu übernehmen.

Dies war ein Glück für ihn und besonders für die Welt, denn nun fiel ihm die beste Erbschaft zu: nämlich schon in jungen Jahren in die Fremde gehen und für seinen Unterhalt selber sorgen zu müssen. »Die beste Erbschaft, die ein Mensch in die Wiege gelegt bekommen kann, ist die Armut«, sagte einmal der Präsident Garfield, und meine eigenen Erfahrungen mit Millionärssöhnen bestätigen diesen Ausspruch. Sie haben mich zu der Überzeugung gebracht, dass die menschliche Gesellschaft nicht dem Reichtum ihren Fortschritt verdankt, sondern denen, die wie Watt um ihres Lebens Notdurft schwer arbeiten und für das Geld, das sie bekommen, etwas Ordentliches leisten müssen, die in dem sozialen Bienenstock Arbeitsbienen und keine Drohnen sind.

James Watts Mutter, Agnes Muirhead, aus der Familie der Muirhead of Lachop, konnte ihren Stammbaum bis ins zwölfte Jahrhundert zurückführen. Nach der von Walter Scott aufgezeichneten Ballade »Der Lord von Muirhead« spielte ein Muirhead eine große Rolle in jenen sagenhaften Zeiten. Frau Agnes soll eine in vieler Beziehung hervorragende Frau, eine edle Erscheinung, eine Ehrfurcht gebietende Dame gewesen sein, von der ein Zeitgenosse sagte: »Sie war eine treffliche Frau wie keine andere weit im Umkreise; sie besaß Vornehmheit und Anmut und war immer freundlich und hilfreich gegen ihre Nachbarn, sie hatte die ganze Einbildungskraft und Begeisterungsfähigkeit der Kelten, sie war eine echte Patriotin, und sie kannte die Geschichte ihres Landes so genau wie die ihrer Familie.«

In dem ruhigen Städtchen Greenock waren also alle günstigen Vorbedingungen vereint, unter denen, unbekannt der großen Menge, jener göttliche Genius heranwuchs, den die Welt heute unter dem Namen Watt kennt, der Schöpfer des gewaltigsten Werkzeuges menschlicher Kraft, das zu schaffen dem Menschen bis jetzt gelungen ist.

Die Mutter hatte schon mehrere Kinder verloren, als der kleine James geboren wurde, und auch er war so zart, dass er nicht einmal die Schule besuchen konnte. Mit aller Sorgfalt wurde er deshalb gehütet und gepflegt. In den ersten Jahren seiner Jugend hatte er als einzigen Gefährten seine Mutter. Ein glückliches Los! Welcher Lehrer oder Schulkamerad hätte ihm auch die Gesellschaft seiner Mutter ersetzen können? Sie lehrte ihn lesen und all die Sagen und Dichtungen, von denen er sein Leben lang so erfüllt war. Als er in die Schule kam, galt er als einer der schlechtesten Schüler, er blieb zurück und wurde vernachlässigt. Aber das bedeutete nicht, dass der Kleine unbegabt oder faul war – er bekam nur für das, womit er sich beschäftigte, in der Schule keine Zensur. Sein reiches Innenleben zeigte sich während eines Besuches bei seiner Großmutter in Glasgow, wohin man ihn brachte, weil man einen Luftwechsel für wohltuend für ihn hielt. Er setzte alle in Erstaunen durch seine Erzählungen, seine Vorträge und durch seine überschäumende Fantasie. Großmutter, Vettern und Basen vergaßen den Schlaf, der kleine James bezauberte sie alle. Der schüchterne und versonnene Knabe, der einsam auf den heimatlichen Hügeln herumgesprungen war und dort seine leben-

sprühenden Balladen in die Luft geschrien, hatte endlich
Publikum und Verständnis gefunden, er durfte seine Seele
geben, wie sie war. Seine Fantasie war erfüllt von den
Sagen seines Landes, von seiner Romantik und seiner Poesie, und als Nachkomme von Covenantern fehlte es auch
nicht an Märtyrergeschichten. Wie eine brennende Heide
brannte es davon in seiner Brust. Woher hattest du, mein
James, jene Glut, jenen kostbaren Schatz, der in dir lag und
den du dir bis an dein Ende bewahrt hast, der dein Leben
mit einem Glanze und einem beständig lodernden Feuer
erfüllte? Das konntest du nicht in der Schule gelernt haben,
möchte ich meinen. Solche Dinge werden nur in einer einzigen Schule gelehrt, wo der beste aller Lehrer Schule hält,
in jener Schule, die gehalten wird auf den Knien der Mutter! Mütter wie die Watts sind die geborenen Lehrer und
Förderer des Genius, sie vermögen ihre Zöglinge groß und
gut zu machen: aus Königen machen sie Götter und aus
gewöhnlichen Sterblichen Könige.

Eine Begebenheit aus Watts Kindheit zeigt schon den
künftigen Mann. Ein Freund des Hauses sah den Sechsjäh-
rigen und sagte zu dessen Vater: »Du musst den Jungen
zur Schule schicken, du darfst ihn nicht länger herumlau-
fen lassen.«

»Bevor du über ihn urteilst, sich nur einmal, womit er
sich beschäftigt«, sagte der Vater.

James war gerade dabei, eine geometrische Aufgabe zu
lösen. Seine Mutter hatte ihn zeichnen gelehrt, und wo er
konnte, übte er sich darin weiter. Das wenige Spielzeug,
das er besaß, war beständig im Gebrauch. Er zerlegte es in
seine Teile und baute aus den Stücken etwas Neues zusammen. Das war seine Beschäftigung während der Zeit, in der
er wegen Schwächlichkeit nicht zur Schule gehen durfte.

In dieser Zeit soll sich auch die Geschichte mit dem
Teekessel abgespielt haben, von der uns seine Base in ihren

Aufzeichnungen berichtet: Eines Abends saß ich mit Tante Muirhead am Teetisch, als sie sagte: »James, ich habe noch nie einen solchen Faulenzer gesehen wie dich, nimm doch ein Buch und suche dich nützlich zu betätigen, eine ganze Stunde schon hast du nicht den Mund aufgetan und kein Wort gesprochen, hast nur immerfort den Teekessel auf und zu gedeckt, hast bald eine Tasse, bald einen Löffel über den Dampf gehalten und hast darauf gestarrt, wie es aus dem Schnabel herauszischt – schämst du dich denn nicht, deine Zeit so zu vergeuden?«

Welche Gedanken sich der Knabe über den Vorgang machte, muss der Fantasie überlassen bleiben, genug, dass die Überlieferung eine Grundlage hat. Sie steht in einer Reihe mit den Geschichten von Newtons Apfel, von Bruces Spinngewebe, von Tells Apfelschuss, von Galvanis Frosch, von Voltas feuchtem Tuche, von Washingtons Beilchen – jener Perlenschnur köstlichster Legenden, die wir überhaupt kennen. Möge kein roher Bilderstürmer daran rühren und sie zerstören. Es macht nichts, wenn sie vielleicht nur Erfindungen sind. Sie sollten sich aber wirklich ereignet haben, damit sie nie verloren gehen können. Wir vermögen uns von gar mancher historischen Gestalt, die wirklich gelebt hat, zu trennen, ohne viel zu vermissen, wollten wir aber die Gebilde der Fantasie verbannen, dann würden wir eine große Lücke verspüren. Wir wollen diese Legende also hinnehmen und noch andere dazu, sobald solche auftauchen, und nicht allzu neugierig nach ihrem geschichtlichen Ursprung forschen.

Schon in seiner Kindheit lehrte ihn sein verständiger Vater nicht nur schreiben und rechnen, sondern stellte ihm einen Tisch mit Werkzeug mitten unter die Arbeiter in der Werkstätte, und der junge James zeigte bald eine solche Geschicklichkeit, mit dem Werkzeug umzugehen, dass er durch seine Arbeiten das Erstaunen aller erregte.

»Dem Jim geht alles gut von der Hand!«, sprach sich's bald herum. Das Schwierigste wurde ihm eine geläufige Sache, ein Modell nach dem andern entstand unter seinen Händen. Er war der Stolz der Werkstätte und der Liebling aller, nicht zu allerletzt seines Vaters, der mit verzeihlichem Stolz sah, zu welchen Hoffnungen sein Sohn zu berechtigen schien. Man darf die Handfertigkeit nicht gering anschlagen, denn die meisten technischen Erfindungen kommen von denen, die selbst haben Hand anlegen müssen, besonders wenn es sich um Verbesserungen an Maschinen handelt. Auch neue Methoden und Herstellungsprozesse gehen meist auf Arbeiter zurück, die das Unvollkommene zuerst in sich gespürt haben. Die meisten Erfindungen kommen von solchen, die in abhängiger Stellung waren. Es geht mit den Erfindern wie mit den Dichtern: Nur wenige sind in Purpur geboren und sind mit silbernen Löffeln gefüttert worden. Hätte Watt nicht seine Handfertigkeit geübt und gepflegt, die Dampfmaschine wäre wahrscheinlich nicht von ihm erfunden werden. Die Misserfolge bei den Versuchen kamen nämlich in damaliger Zeit meist daher, dass es keine Arbeiter gab, die nach der Idee des Erfinders zu arbeiten vermochten. Watt hatte sie erst lehren müssen, exakt zu arbeiten und mit Präzisionsmaterial umzugehen, das damals auch nicht so vollkommen war wie heute. Er selbst hat sich später die Modelle selbst machen müssen, und es gibt wohl keinen Erfinder, der so viel Grund hatte, seinem Geschick dankbar zu sein, dass es ihn von Jugend auf gelehrt hatte, seine Hand zu üben, wie Watt. Es ist also buchstäblich wahr geworden: »Dem Jim geht alles gut von der Hand.«

James Watt war anfangs kein guter Schüler, niemand hätte besondere Fähigkeiten in ihm vermutet, die lateinischen und griechischen Klassiker machten wenig Eindruck auf ihn, sein Inneres war erfüllt von viel Schönerem, das er auf den Knien seiner Mutter gelernt hatte. Seine Helden waren weit edler als die griechischen Halbgötter, und die Geschichte seines eigenen romantischen Landes war reich an solchen Helden.

Ein Mensch, der viel arbeiten muss, hat keine Zeit, Anregungen aus mehr als einer Literatur zu holen. Auch ist wohl noch niemand von einer fremden Sprache so gepackt worden wie von seiner Muttersprache. Wir können unsere geistige Nahrung nicht mehr aus mehreren Sprachen holen, wir vermögen auch wohl kaum in mehr als einer zu denken. Die Muttersprache ist die unversiegbare Quelle, aus der der Heilbrunnen der Seele fließt. Watt hatte sein Schottland, und das genügte ihm. Wenn ein schottischer Junge von den Heldenerzählungen seiner Heimat erglüht ist, wenn er alle Balladen auswendig weiß, wenn er ferner seinen Burns und Scott kennt, dann hat er wohl wenig Platz und noch weniger Verlangen oder Bedürfnis für kleinere Götter. Die Geschichten von den händelsüchtigen, nur sich selbst suchenden Halbgöttern kamen zu Watt und gingen wieder, ohne Wurzel zu fassen.

Der Götterfunke, der in ihm zu hellen Flammen aufschlug, kam erst zu allerletzt zu ihm, es war die Mathematik. »Glücklich, wer sein Feld gefunden«, sagt Carlyle. Watt fand das seinige schon in der Schule und ließ später niemals einen Zweifel über das Feld seiner Lebenstätigkeit aufkommen.

Die Wahl des Berufes ist eine schwierige Angelegenheit für die meisten jungen Leute. Watt blieb von solchen Ungewissheiten verschont, sein Beruf hatte ihn erwählt, wie der Genius seine Auserwählten erfasst. Wenn die Göttin ihre Hand auf einen Sterblichen gelegt und ihn zu ihrem Dienste bestimmt hat, dann hat dieser die Verpflichtung, sich willig nur auf dieses eine zu verlegen, dann gibt es nichts mehr in der Welt, das er diesem nicht dienstbar machen muss, dann ist alles nur dessentwegen da, alles, was der Neugeweihte sieht, hört, fühlt oder ihm sonst irgendwie zuströmt, muss der einen großen, alles überragenden Aufgabe dienen. Die Götter geben den Faden zum Wehen, und dieser Webstuhl duldet keine andern Gedanken neben sich.

Mit 15 Jahren hatte Watt bereits die wichtigsten wissenschaftlichen Grundlagen sich zu eigen gemacht, hatte unzählige Experimente, immer und immer wieder Versuche angestellt, bis sie ihn befriedigten. Ein kleiner elektrischer Apparat war das erste, womit er seine Mitschüler in Erstaunen setzte. Besuche bei seinem Oheim Muirhead in Glasgow brachten ihn mit einigen gebildeten jungen Leuten zusammen, die seine Fähigkeiten und natürlichen Anlagen außerordentlich schätzten, hier verbrachte er auch die Sommerferien. Er war gewohnt, fortgesetzt Beobachtungen und Untersuchungen zu machen, und seine einsamen Wanderungen auf Hügel und Heide vermehrten seine botanischen und mineralogischen Kenntnisse. Er ging in die Wohnungen der einfachen Leute, blieb stundenlang bei ihnen und ließ sich die überlieferten Geschichten hersagen und die Balladen aus dem alten Volksschatze erzählen. Er liebte die Natur in ihren wildesten Stimmungen, er war ein echtes Kind der Romantik: versonnen und voll überquellender Poesie, in deren Bann er auch seine Freunde zog. Er war ein alles verschlingender Bücherleser, er las, was er fand, und versicherte, gleichsam als Rechtfertigung dafür, dass er noch nie ein Buch gelesen oder sich mit jemand unterhalten habe, ohne eine Belehrung, ein Vergnügen oder sonst einen Nutzen daraus geschöpft zu haben, ohne nicht etwas erfahren zu haben, was er vorher noch nicht wusste. Er schien hierin Walter Scott ähnlich zu sein, der mit jedem sprach, als wäre er sein Bruder, und das war er auch. Wie jeder vornehme ganze Charakter zog er andere an sich heran.

Der einzige Sport seiner Jugend war das Angeln, die Lieblingsbeschäftigung aller, welche die Ruhe und Stille lieben. Die Angelbrüder sind immer eine freundliche, vornehme Gesellschaft. Von den gymnastischen Spielen der Schule wurde er befreit, da er nicht kräftig genug hierfür war, und diese angeborene Schwächlichkeit war eine beständig an ihm nagende Sorge, die ihn die Gesellschaft seiner Altersgenossen fliehen ließ. Seine Lieblingswissenschaft, die Geometrie, zu der später auch die Astronomie trat, nahm alle seine Gedanken und all seine Zeit in Anspruch. Oft lag er stundenlang in einem kleinen Wäldchen in der Nähe seiner elterlichen Wohnung auf dem Rücken, um ein Problem zu lösen oder die Gestirne zu betrachten.

Einen unersetzlichen Verlust erlitt Watt mit 17 Jahren, als plötzlich seine Mutter starb. Oft hatte sie zu ihren Bekannten gesagt, sie ertrüge den Verlust ihrer Tochter nur, weil die Liebe und Anhänglichkeit ihres Sohnes so groß sei. Man kann daraus ermessen, welch inniges Verhältnis zwischen Mutter und Sohn bestand. Das Elternhaus hörte für den jungen James auf, seine Heimat zu sein, und wir sind nicht überrascht, zu hören, dass er es bald darauf verließ, seit die aus ihm entschwunden war, die ihm Licht und Führerin gewesen. Auch seines Vaters Vermögensverhältnisse hatten sich verschlechtert, und die beiden Söhne waren darauf angewiesen, für ihr Fortkommen selbst zu sorgen, ohne Aussicht auf väterliche Unterstützung. John, der Ältere, wurde Seemann und ging bei einem Schiffbruch unter. Für James blieb nach dem Tode seines Bruders keine Wahl mehr: er, dem ja alles so gut von der Hand ging, schlug die Laufbahn eines Mechanikers für nautische Instrumente ein, die ja im Bereiche seiner bisherigen Studien lag und die ihm auch die Hoffnung bot, seinen unersättlichen Wissensdurst zu stillen. Der zunächstliegende und geeignetste Platz, wo er seine Lauf-

bahn beginnen konnte, war Glasgow, und er siedelte nun
mit seinem Handwerkszeug zu seinen mütterlichen Verwandten nach Glasgow über.

Zwar gab es dort keine Werkstatt für nautische Instrumente, und Watt trat in die Lehre zu einem sogenannten
Allerweltsmechaniker, der sich Optiker nannte und neben
Brillen auch Geigen verkaufte und reparierte usw. Der lei-
denschaftliche Angelliebhaber, der sich auf Forellen- und
Lachsfang verstand, zeigte sich zu vielen Dingen geschickt,
sodass er sich seinem Lehrherrn als ein wertvoller Gehilfe
erwies – aber lernen konnte der wissbegierige Jüngling bei
ihm nichts.

Sein vertrautester Schulfreund war Andrew Anderson,
dessen älterer Bruder später ein bekannter Professor der
Physik wurde, der erste, der Lehrkurse für Arbeiter einrichtete, um sie technisch weiterzubilden. Er vermachte sogar
sein Vermögen für diesen Zweck, und mehr als ein Jahrhundert lang war seine Stiftung eine Pflanzstätte techni-
scher Bildung. Durch seinen jüngeren Bruder lernte er den
jungen Watt kennen und zog ihn viel in sein Haus, gab ihm
die unbeschränkte Erlaubnis, seine wertvolle Bibliothek
zu benutzen, und manchen Abend brachte Watt dort zu.
Sein Glück schien ihn also auch in seinen Schulfreunden
zu begünstigen, und es scheint mir daher vonseiten mancher Eltern ein großer Fehler gemacht zu werden, wenn sie
ihre Söhne nicht auf den Schulen ihrer Heimat erziehen
lassen, wo begonnene Freundschaften nicht wieder zer-
rissen, sondern weiter gepflegt und mit den Jahren immer
fester werden.

Weitere Ausbildung in London

Durch Professor Muirhead, einen Verwandten seiner Mutter, wurde Watt bei einer Reihe von Professoren eingeführt, besonders fühlte er sich hingezogen zu dem Physikprofessor Dick, der ihm den Rat gab, nach London zu gehen, wo er bessere Lehrmittel finden würde als in Schottland. Er ahnte den verborgenen Genius in Watt und gab ihm noch einen Empfehlungsbrief mit, der ihm auch von Nutzen war. Es scheint, dass wohl selten ein tüchtiger, aufstrebender junger Mann unbeachtet und ohne Hilfe bleibt. Gutherzige, kluge und einflussreiche Menschen stehen an jeder Straßenecke bereit, um einen bei der Hand zu nehmen und ihm die einzige Hilfe zu geben, die nötig ist: nämlich die Gelegenheit, seine Fähigkeiten für sich selbst sprechen zu lassen.

Mit einem entfernten Verwandten, einem Seekapitän, trat er 1755 die lange und beschwerliche Reise nach London an, die zwölf Tage dauerte. Zwölf Tage dauerte es 1755, um von Glasgow nach London zu gelangen, heute acht Stunden: so sehr ist durch den von Watt gezähmten und gebändigten Dampf die Welt näher aneinander gerückt worden. Wir dürfen also weiter auf den kommenden Weltbund hoffen, auf die Prophezeiung von Burns, dass der Tag einmal kommen werde, da alle Menschen auf der ganzen Welt Brüder sein werden. Mir kommt ein Wort von Plato in den Sinn: dass wir einander anlocken sollten gleichwie durch Zaubertränke, denn der Gewinn ist groß und der Lohn ist edel. Lassen wir also die Träumer weiter träumen, denn gäbe es in der Welt keine Träume, welche die Fantasie befruchten, dann würde sie recht langweilig sein, und überdies wollen wir doch daran denken, dass dieser Traum nur ausgeträumt werden kann, weil Watts Dampfmaschine eine Wirklichkeit geworden ist.

Als Fremdling in einem fremden Lande war Watt in London angekommen, er kannte niemanden. Aber das Geschick war ihm günstig. Denn weil Bürden von Rang und Reichtum nicht schwer auf ihn drückten, hatte dieser arme junge Mann, der ein tüchtiger Mechaniker werden sollte, den nicht zu unterschätzenden Vorteil, von unten auf anzufangen: die strengste und doch beste Schule, die es gibt, um angeborene Eigenschaften wachzurufen und zu kräftigen und einen armen jungen Mann anzuspornen, sich aufs Äußerste anzustrengen, wenn er sich auf das Meer des Lebens hinausgewagt hat, wo er entweder schwimmen muss oder untersinkt, wo kein anderer ihn über Wasser hält. Unser junger Held war der Gelegenheit gewachsen und bewies bald, dass er gleich Caesar mit trotzigem Sinn gegen den Strom anzukämpfen imstande wäre. Im Menschengewühl von London war Watt zum ersten Mal allein, ohne Freunde und Verwandte, herausgefordert zum Kampfe gegen die kalte Welt um ihn herum, und das Schicksal rief ihm zu, was es jedem zuruft, der seinen eigenen Weg machen will: Hier ist die Furt und hierher musst du dich halten, um deine Waffen trocken in der Hand zu behalten! Seine einzige Stütze waren die Lehren, die ihm auf der Mutter Knie eingeprägt worden waren. Wenn auch Burns und Scott noch nicht gelebt hatten, um jene Talismane zu schaffen, die die Herzen aller jungen Schotten begeistern, so hatte Watt doch einen reichen Schatz von nationalem Bewusstsein, das ihm den Mut stählte für den gewaltigen Kampf, als er zum Manne reifte. Tief in sein Herz hatte seine Mutter den kostbaren Samen aus dem heimatlichen Garten gesät, der aufgehen und gute Frucht bringen sollte.

Er durchwanderte die Werkstätten Londons, um irgendwo einen Arbeitsplatz zu finden, aber die Handwerkerordnung verlangte, dass er erst sieben Jahr lernen sollte, und an diesem Hindernis scheiterte jeder Versuch, eine Stellung zu finden. Er entschloss sich, ein Jahr lang zu volontieren und dann nach Glasgow zurückzukehren, um dort selbst ein Geschäft anzufangen. Er hatte nicht sieben Jahre übrig für etwas, was er in einem einzigen lernen konnte – er wollte sein eigener Lehrmeister sein. Aufgrund einiger Probearbeiten, die dem Instrumentenbauer Morgan sehr gefielen, durfte er in dessen Werkstätte eintreten unter der Bedingung, dass er für eine gute Ausbildung 20 Pfund und seine ganze Arbeitskraft geben sollte. »Ich vermöchte in ganz London keinen andern zu finden, der mich das lehren könnte, was ich wissen will«, schreibt er von London in einem Briefe nach Hause. Hier lernte er auch die Arbeitsteilung kennen, denn in einem andern Briefe drückt er sein Erstaunen aus, dass nur sehr wenige Mechaniker über mehr Fähigkeiten verfügten, als um ein Lineal zu machen oder einen Zirkel oder sonst einen Gegenstand. Schon damals gab es also in London die Arbeitsteilung, die in der Provinz noch ganz unbekannt war. Der Allerweltskünstler, der in allen Sätteln gerecht ist, muss jetzt dem Spezialisten Platz machen, der sich auf eine einzige Sache beschränkt und auf diesem beschränkten Gebiet das Vollkommenste zu leisten sucht. Vor diesem Spezialistentum wurde Watt glücklicherweise bewahrt, denn für seinen Erfolg war es nötig, in vielem Meister zu sein, nicht bloß in einem einzigen Fache.

Zuerst fertigte er Messingschalen, Doppellineale und Quadranten, dann Azimutkompasse, Proportionalzirkel, Theodoliten und andere fein ausgearbeitete Instrumente. Noch bevor das Jahr um war, schrieb er an seinen Vater: dass er schon einen Sektor mit französischer Fuge machen könne, was damals als eine Art Meisterstück galt, und sprach die Hoffnung aus, dass er bald imstande sein würde, sich selbst zu erhalten und dem Vater nicht mehr zur Last zu fallen.

Der Winter brachte Watt eine schwere Erkrankung, sein zarter Körper war der Überanstrengung und dem langen Stubenhocken nicht gewachsen gewesen. Mit Zustimmung seines Vaters kehrte er nach Glasgow heim, um unter der sorgsamen Pflege des Elternhauses seine Gesundheit wiederherzustellen. Er versah sich vorher noch mit ein paar Instrumenten, mit Material zu neuen Arbeiten und einigen wertvollen Büchern. Er wollte Meister werden in seinem Fache! Dieser Gedanke war der Grund, auf dem er sein Lebensgebäude aufbauen wollte.

Eine eigene Werkstatt in Glasgow

Watt war 20 Jahre alt, als er 1756 seine Schritte wieder heimwärts lenkte. Die heimatliche Bergluft macht den heimkehrenden Kranken bald wieder gesund, und nun wollte er in Glasgow seine Pläne zur Ausführung bringen: eine selbständige Werkstätte für Präzisionsinstrumente einzurichten, die es in Schottland damals noch nicht gab. Jedoch die Innungsvorschriften waren in Glasgow ebenso streng wie in London, und die Gilde der Schmiede, denen nach dem Innungsrecht ein Feinmechaniker angehören musste, nahm ihn nicht auf, weil er nicht sieben Jahre gelernt hatte. Watt war durch das Tor der Wissenschaft und der Erfahrung in sein Handwerk eingedrungen, das einzig richtige Eingangstor, aber er war ein bisschen schneller gegangen als andere. Dann gab es noch ein Hindernis: er war weder der Sohn eines Glasgower Bürgers, noch hatte er innerhalb der Bannmeile der Stadt sein Handwerk gelernt, und dieses Hindernis war unübersteiglich. Es wurde ihm verboten, sich zur Ausübung eines Handwerkes in Glasgow niederzulassen. Sogar ein Raum, um eigene Versuche zu machen, wurde ihm versagt. Wir wundern uns heute darüber, aber dies war der Geist der damaligen Zeit.

In diesem kritischen Augenblick, als der Himmel ganz umwölkt schien, erwies sich die Universität als sein Schutzengel. Sein alter Gönner Professor Dick hatte ihn einige physikalische Instrumente reparieren lassen, die ein Schotte aus Westindien der Universität geschenkt hatte, und gute Arbeit spricht sich immer bald herum. Tüchtigkeit kann man wohl eine Zeit lang niederhalten, aber so oft man sie auch niederzudrücken sucht, sie wird sich immer wieder erheben. Das Privileg der Universität, die 1451 vom Papste gegründet wurde, gab ihr unbeschränkte Freiheit innerhalb des Bereiches ihrer Gebäude, und die Fakultät gab Watt die Erlaubnis, dort seine Zelte aufzuschlagen – der vernünftigste Gedanke, den die Universität jemals gehabt hat. Und wer waren die Männer, die Watt unter ihren Schutz nahmen und ihn instand setzten, sein Lebenswerk auszuführen? Adam Smith, der für die Wirtschaftswissenschaften dasselbe bedeutete, was Watt für die Technik war, der auch ein vertrauter Freund Watts wurde. Dann Black, der Entdecker der latenten Hitze, John Robison, der später Professor der Naturwissenschaften in Edinburgh wurde, Dick, von dem wir bereits sprachen, und noch mehrere andere. Glasgows besonderer Ruhm ist es, dass auf der dortigen Universität die einzelnen Fächer immer völlig gleichberechtigt dastanden, wo weder die humanistischen noch die Naturwissenschaften die andern beherrschten. Sie war die erste Universität, die eine Professur für Ingenieurwissenschaften errichtete, die erste, die ein chemisches Versuchslaboratorium einrichtete, die erste, die ein physikalisches Kabinett baute, sie ist auch die Wiege der Dampfmaschine geworden, und die Verdienste eines Rektors dieser Universität in heutiger Zeit, des Professors Thomson, des späteren Lords Kelvin, beweisen, dass sie ihren Überlieferungen treu geblieben ist. Möge sie fortfahren, in den Spuren ihrer Vergangenheit zu wandeln!

Die freundlichen und weitblickenden Universitätsprofessoren gingen noch weiter: sie erlaubten Watt, den Arbeitsraum, in dem er seine Instrumente anfertigte, dem Publikum zugänglich zu machen und dort die Erzeugnisse seiner Kunst zu verkaufen. Ein ungewöhnlicher Schritt, den eine Universität tat, besonders in jenen Tagen, aber heute begrüßen wir diese Tat von Herzen, da sie dem aufstrebenden Genius die nötige Bewegungsfreiheit gewährte. Das Geschäft ging anfangs nicht gerade glänzend. Mithilfe eines Gesellen machte er wohl drei Quadranten in der Woche, was einen Wochenverdienst von 40 Schillingen ausmachte, aber da die großen Seeschiffe nicht bis Glasgow herauffuhren, konnte er nur wenige absetzen. Er schickte sie daher an seinen Vater nach Greenock, der Hafenstadt von Glasgow, und ließ sie durch ihn verkaufen. Er war also gezwungen, wie große Künstler es oft tun mussten, um ihr Leben zu fristen, nach den Wünschen des Publikums zu arbeiten. Er machte Brillen, Violinen, Flöten, Gitarren, Angelwerkzeuge und reparierte schadhafte Instrumente.

Eines Tages fragte ihn sein Freund Professor Dick, ob er nicht für ihn eine Orgel bauen wolle. Watt hatte keine Kenntnis vom Orgelbau, aber er machte sich sofort ans Werk, und der Erfolg war so überraschend, dass er den Auftrag bekam, für die Freimaurerloge von Glasgow eine große schöne Orgel zu bauen, die das Erstaunen und die Bewunderung aller Musikverständigen hervorrief. Es glückte ihm alles, was er in die Hand nahm. Wie kam es, dass Watt Wunder zu wirken schien, als sei ihm die Wissenschaft im Schlafe eingegeben worden? In der Geschichte der Erfindungen lässt sich bei keinem Erfinder der Erfolg so offensichtlich auf lange und sorgfältige Vorbereitung zurückführen wie bei Watt. Nehmen wir einmal seine Orgel, die uns wie ein Zauberkunststück anmutet, und wir finden, dass Watt sich zuerst an ein gründliches Studium der Harmonielehre machte und sein musikalisches Ohr schulte; und diese Studien und Übungen trieb er so eingehend, dass es zu seiner Zeit in Schottland wohl keinen gab, der über Musik besser Bescheid wusste als dieser junge Anfänger. Als er später das Problem der Dampfkraft in Angriff nahm, ging er in derselben Weise vor, obwohl er zuvor drei Sprachen völlig bewältigen musste, um keine Vorarbeiten zu übersehen. Der beste Beweis dafür, dass er ein wirkliches Genie war, ist, dass er vor allem alles zu beherrschen suchte, was es an Erkenntnissen, die sich auf sein Vorhaben bezogen, bisher gab.

Allerdings konnte die Umgebung für Watt nicht glücklicher gewählt sein, als sie war. Alle Hilfsmittel der Universität standen ihm zur Verfügung, und sein Laboratorium war bald der Treffpunkt der ganzen Fakultät. Er erfreute sich der steten Gesellschaft der berühmtesten Gelehrten der damaligen Zeit. Er erkannte diesen glücklichen Umstand auch an, und wir haben viele Beweise, dass er sich bei denen in Schuld fühlte, die so weit über ihm standen, der nie eine Universität besucht hatte und nur ein Mechaniker war. Diese sogenannten über ihm Stehenden sahen sich allerdings nicht ganz in diesem Lichte, wovon wir zahlreiche Zeugnisse besitzen, aber die Bescheidenheit Watts blieb eine seiner Haupttugenden während seines ganzen Lebens. Die Fronarbeit ließ ihm genug Zeit zu chemischen, mathematischen und physikalischen Studien, und es ließ sich zwar nicht voraussagen, was aus ihm schließlich werden würde, aber schon damals erwarteten die, die ihn kannten, Großes von ihm.

Im Banne des Dampfes

Die große Stunde in Watts Leben schlug: Der junge 20-jährige Robison, der spätere Professor der Physik an der Edinburgher Universität, machte seinen um drei Jahre älteren Freund auf das Problem des Dampfes aufmerksam, wie man ihn mit einem Räderwerk in Verbindung bringen könne. Watt hatte sich mit diesem Problem bisher nie beschäftigt und erklärte, vom Dampf nichts zu verstehen. Trotzdem machte er sich ein Modell mit zwei Zylindern aus Zinnblech, aber da sie zu eng und ungenau gearbeitet waren, so fiel der Versuch nicht sehr befriedigend aus. Auch als Robison Glasgow verließ, verfolgte der Dämon des Dampfes Watt weiter. Merkwürdigerweise fand er beim Herumstöbern, dass die Universität das Modell einer Newcomen-Maschine besaß, das sie für den physikalischen Unterricht angeschafft hatte. Watt schickte das schadhafte Modell nach London, um es instand setzen zu lassen, und vertiefte sich dann völlig in das Problem der Dampfmaschine. Er las alles, was bis damals über den Dampf geschrieben worden war. Das Wichtigste und Bedeutendste war in französischer und italienischer Sprache abgefasst, und da es davon keine Übersetzungen gab, machte er sich sofort an das Studium dieser beiden Sprachen, um alles kennenzulernen, was damals über diesen Gegenstand bekannt war. Aber auch das Newcomen-Modell erwies sich nicht als brauchbar: Man bekam nicht genügend Dampf, obwohl die Kessel groß genug zu sein schienen. Ein paar Kolbenstöße – und die Maschine stand still. Die Schwierigkeit erschien unübersteiglich, die Bücher gaben keinen Aufschluss, sie berührten nicht die Hauptsache. Watt musste nun eigene Versuche machen, auf unbetretenem Neuland einen neuen Pfad suchen. Und seine Bemühungen wurden ganz unerwartet belohnt durch die Entdeckung der latenten Hitze.

Man muss wohl unterscheiden zwischen Erfindung und Entdeckung. Watt ist als Erfinder weltbekannt, und niemand wird ihm diesen Titel streitig machen wollen. Aber nur ganz wenige, die etwas tiefer sehen, kennen Watt als Entdecker. Als er sich mit den Möglichkeiten der Dampfkraft beschäftigte, da begann er das neue Land ganz zu erforschen. Ein Erfinder würde sich mit dem schon Bekannten begnügen und nur dieses Wissen ausnutzen, wie Newcomen es mit seiner Maschine getan hat. Watt hätte vielleicht den separaten Kondensor erfunden und wäre auch mit dieser Erfindung unter die großen Erfinder eingereiht worden, aber sein Forschergeist hatte ihn völlig erfasst, und er suchte die Natur des Dampfes zu ergründen. Als er seine erste Entdeckung, die der latenten Hitze, seinem Freunde Black mitteilte, fand er, dass dieser Freund ihm bereits zuvorgekommen war und seinen Zuhörern über latente Hitze schon seit Jahren Vorlesungen hielt.

Das Nächste, was Watt entdeckte, war die Feststellung der Gesamthitze des Dampfes, dass sie bei jedem Druck immer unveränderlich bleibt. Watts Ruhm als Entdecker dieses physikalischen Gesetzes würde heute noch groß sein, hätte nicht sein eigener Erfinderruhm seine übrigen Verdienste verdunkelt. Diese Seite von Watts Bedeutung ist zu wenig bekannt, sodass es heute fast nötig geworden ist, dem Laien darüber einige Aufklärungen zu geben.

Wenn wir eine Retorte mit Wasser füllen und sie über eine Flamme halten, so wird das Thermometer langsam höher steigen bis zum Siedepunkt und dann stehen bleiben, auch wenn das kochende Wasser schon in Dampf übergeht. Nimmt man nun das Thermometer aus dem Wasser und stellt es in den sich entwickelnden Dampf, so bleibt es auch dann immer auf derselben Höhe. Nun ist aber viel mehr Zeit und viel mehr Hitze erforderlich, um das ganze Wasser in Dampf umzuwandeln, und da die Temperatur des Dampfes dieselbe bleibt wie die des kochenden Wassers, so ist es offenbar, dass der Dampf Hitze enthalten muss, die sich auf dem Thermometer nicht anzeigt. Diese nennt man die latente Hitze.

Lässt man nun den Dampf, statt ihn in die Luft entweichen zu lassen, in kaltes Wasser einströmen, dann wird sich die Temperatur des Wassers nur um das Sechsfache steigern und nicht das arithmetische Mittel aus beiden Temperaturen und Mengen ergeben. Ein Beispiel: 100 kg 60-gradiges Wasser wird durch 1 kg Dampf, den man in das Wasser treibt, auf 72 Grad gebracht, also um 12 Grad gesteigert. Gießt man aber in die 100 kg 60-gradiges Wasser 1 kg kochendes Wasser, also von derselben Temperatur wie der Dampf, dann wird sich die Temperatur der ganzen Wassermenge nur um 2 Grad erhöhen. Dies ist der Unterschied zwischen der latenten und der Dampfhitze. Presst man nun den Dampf zusammen, statt ihn frei in das Wasser zischen zu lassen, und lässt ihn dann sich mit dem Wasser vermischen, so bleibt die Gewichtsmenge des Wassers doch die gleiche, um denselben Hitzegrad zu erreichen. Mit anderen Worten: die Hitze bleibt unter jedem Druck unverändert. Dies ist die Entdeckung Watts.

Die nächste Entdeckung, die Watt machte, war, dass nicht weniger als vier Fünftel der gesamten Dampfmenge verloren gingen, weil sie den erkalteten Zylinder immer neu erhitzen musste, nur ein Fünftel brachte den Kolben in Bewegung. Der Zylinder musste an dem Kolbenausgang notwendigerweise sich abkühlen, da dort die Luft freien

Zutritt hatte. Dieses scheinbar unübersteigliche Hindernis musste überwunden werden, viele vergebliche Versuche wurden gemacht, ehe in das brodelnde Gehirn ein Lichtstrahl kam. Er ließ alle andern Arbeiten liegen und warf sich ausschließlich auf die Lösung dieses einen Problems, das darin bestand, einen Zylinder so zu bauen, dass er stets denselben Hitzegrad behielt wie der Dampf, der sich in ihm befand, und dass der Dampf in ihm voll wirken könne.

Watt leitete nun den Dampf aus dem Zylinder in einen Kessel und kondensierte ihn darin. Auf diese Weise behielt der Zylinder immer dieselbe Hitze. Dann schloss Watt die Enden des Zylinders dicht ab, ersetzte den kreisförmigen Kolben durch einen viereckigen und passte ihn ganz dicht ein, um den Austritt des Dampfes zu verhindern. Die Schnelligkeit der Kolbenstöße erhielt nun den Zylinder auf derselben Hitzehöhe. Ferner legte Watt um den ersten Zylinder noch einen zweiten und ließ durch den Zwischenraum Dampf einströmen, und auf diese Weise löste er das schwere Problem. Aber Jahre waren erforderlich, ehe alle Einzelheiten ausgearbeitet waren und eine Dampfmaschine arbeiten konnte, die eine solch einschneidende Umwälzung der Arbeitsbedingungen auf der Welt hervorrief. Doch die Ausarbeitung der Pläne war nicht so schwierig wie ihre Ausführung, weil es schwer war, Mechaniker zu finden, die genau nach seinen Zeichnungen arbeiten konnten, die vorhandenen Grob- und Kupferschmiede waren in ihrem eigenen Handwerk ungeschickt genug. Heute werden viel feinere und kompliziertere Dinge, als Watt sie damals durch Händearbeit machen ließ, durch automatische Maschinen hergestellt. Hätte Watt damals nur einen geringen Teil der technischen Kunstfertigkeit, über die wir heute verfügen, zur Hand gehabt, gleich einer Minerva wäre die Dampfmaschine seinem Kopfe entsprungen.

Nach sechs Monaten war das Modell fertig, aber ach, es pfiff durch tausend Löcher. Man kann sich heute gar keinen Begriff mehr davon machen, was es heißt, vollkommen ineinanderpassende Gewinde zu bauen. Das Prinzip war entdeckt, daran war kein Zweifel mehr, und Watt glaubte, wenn er nur das Modell größer baute, dass die Unvollkommenheiten dann geringer werden würden. Aber auch bei diesem drang überall Dampf durch, und der Kondensor musste abgerundet werden; fast schien es, als sollte die Schöpfung seines Verstandes ein Hirngespinst bleiben, weil kein Mechaniker aufzutreiben war, der es in die Wirklichkeit umsetzte. Nur dadurch, dass er seine Arbeiter dazu erzog, mit ihm mitzuarbeiten, dass er eine neue Art von Handwerkern schuf, dass er geistig und körperlich zugleich arbeitete, nur so konnte er endlich triumphieren. Er war nicht bloß Entdecker und Erfinder, sondern auch ein Lehrer und Mechaniker, der seinen Meister suchte.

In dieser Zeit verheiratete sich Watt mit einer Verwandten, Miss Miller, mit der er seit Langem verlobt war. Die Heirat war für Watt von allergrößter Bedeutung, denn sein Weib hat in ihm, dem reinen Denker, dem zu Schwermut Neigenden und von nervösen Kopfschmerzen Geplagten, den Mut und den Glauben an sich selbst wach erhalten. Alle seine Freunde gestanden, dass er ohne die liebevolle Sorgfalt seines Weibes die Tage der Versuchung und Enttäuschung nicht überstanden hätte, mit denen er sein Lebtag gekämpft hatte.

Zusammenarbeit mit Roebuck

Um die Maschine zu bauen und auf den Markt zu bringen, war ein Kapital von mehreren tausend Pfund nötig. Wäre Watt ein reicher Mann gewesen, so würde sein Weg eben und glatt gewesen sein, aber er war arm und ohne andere Einkünfte als die aus seinem Instrumentenbau, und diese Einnahmequelle hatte durch die ausschließliche Arbeit an der Maschine notwendigerweise zurückgestellt werden müssen. Um diese Zeit befand sich Watt noch in besonders misslichen Verhältnissen. Versuche kosten viel Geld und bringen unmittelbar nichts ein. Seine Verpflichtungen gegen seine Familie zwangen ihn auch, seine Versuche öfters liegen zu lassen und für des Lebens Notdurft zu arbeiten. Er wurde mit der Ausführung des Baues des Forth- und Clyde-Kanals betraut, und da er alles genau zu studieren pflegte, was er anpackte, so hatte er auch auf diesem neuen Betätigungsfelde Erfolg. Jedoch alle seine Gedanken beschäftigten sich mit der Maschine, und ihr war jeder freie Augenblick gewidmet.

Wo aber gab es einen wagemutigen Kapitalisten, der sein Geld in einem Unternehmen anlegen wollte, dessen Erfolg so zweifelhaft war?

Professor Black, der aus seinen eigenen Mitteln Watt schon mehrmals über drückende Verlegenheiten hinweggeholfen hatte, erwies sich auch hier wieder als sein bester Freund und Retter. Er empfahl ihn Roebuck, dem Begründer der berühmten Carron-Eisenwerke, die Burns in einem seiner Lieder besungen hat. Im September 1765 schloss

Watt mit Roebuck eine Vereinbarung, um seine Erfindung vollenden und seine ganze Kraft darauf verlegen zu können. Roebuck bezahlte Watts Verpflichtungen im Betrage von mehreren tausend Pfund und stellte ihm die Mittel zur Verfügung, um ungestört weiter an seiner Erfindung zu arbeiten und sich ein Patent darauf zu verschaffen. Dafür sollten ihm zwei Drittel des Gewinns der Erfindung zufallen.

Nach harter Arbeit wurde ein Modell ausgearbeitet, das ganz überraschend gute Ergebnisse zeitigte. »Ein Erfolg ganz nach meinem Herzen«, schrieb Watt. Nun glaubte er, seinem Teilhaber die lange versprochene Schuld einlösen zu können. »Ich wünsche aufrichtig«, schrieb er, »dass Sie sich über meinen Erfolg freuen, und ich hoffe, dass Sie dadurch für Ihre Aufwendungen entschädigt werden.« Das Glück schien hell wie die Mittagssonne lächeln zu wollen, aber anstatt dauernden Erfolg, brachten die nächsten Tage und Jahre nur Prüfungen über Prüfungen. Heute ist ein Patent eine selbstverständliche Sache und fast nur eine Formalität, damals aber war es höchst unpopulär, es galt als ein ungerechtes Privatmonopol. Wir finden Watt im August 1768 in Patentangelegenheiten in London, wo er durch allerlei Vorwände hingehalten und zu solch ungeheuren Zahlungen gezwungen wurde, dass er ganz den Mut verlor. Von dem Gipfel des freudigen Stolzes, zu dem er sich durch den Erfolg seines neuen Modells erhoben fühlte, wurde er in den Abgrund der Verzweiflung geschleudert, da seinem Wollen sich immer neue Schwierigkeiten in den Weg stellten. Es befiel ihn eine schwere Entmutigung, und sein angestrengt arbeitendes Gehirn schien plötzlich versagen zu wollen. Dazu kam noch die Sorge um seine Familie, für die er nicht den nötigen Unterhalt schaffen konnte, solange er an seiner Maschine arbeitete.

In kaum einem Punkte hat die öffentliche Meinung ihre Stellung so verändert wie in Bezug auf Patente. Zu Watts

Zeiten wurde ein Bewerber um ein Patent wie der Usurpator eines Monopols angesehen, und selbst die Gerichte teilten diese Anschauung. Alles wurde gegen den unglücklichen Wohltäter ausgelegt, als wäre er ein Feind des Allgemeinwohls, als wollte er sich auf Kosten seiner Mitmenschen bereichern. Watt hatte also ein hartes Stück Arbeit zu tun, um die »Spezifikation« seines Patentes auszuarbeiten, die für jene Zeit ungemein wichtig war, da die Gültigkeit oft durch ein Wort angefochten werden konnte, das zu viel oder zu wenig in der Spezifikation stand. Sachverständige bezeugen, dass Watt sich in Patentangelegenheiten außerordentlich scharfsinnig und geschickt bezeigte.

Am 5. Januar 1768 bekam Watt endlich sein erstes Patent ausgestellt, an genau demselben Tage, als Arkwright das Patent auf den von ihm erfundenen Webstuhl erhielt. Ein Jahr zuvor hatte Hargreaves seine Spinnmaschine patentieren lassen. Auf diese beiden Erfinder geht die ungeheure Entwicklung der Textilindustrie zurück, die England so reich gemacht hat. 56 Millionen Spindeln drehen sich heute auf dieser kleinen Insel, mehr als in den übrigen Ländern der Welt zusammengenommen. Und später kam Stephenson mit seiner Lokomotive. Watt, Stephenson, Arkwright und Hargreaves: wo gibt es ein Viergespann, das sich mit diesem messen könnte?

Wir müssen hier noch eine andere Seite von Watts Wesen erwähnen. Er war kein Freund von geschäftlichen Dingen, und gegen Geldangelegenheiten hatte er eine ganz ausgesprochene Abneigung. Mit kühner Stirn ging er Verdrießlichkeiten, Gefahren, Verantwortungen entgegen, aber Geldangelegenheiten waren für ihn ein Schreckgespenst. Lieber wollte er sich vor eine geladene Kanone stellen, schrieb er an seinen Freund Boulton, als Geschäftsbücher in Ordnung bringen oder Rechnungen einziehen.

Sein Teilhaber Roebuck stand ihm in diesen Zeiten geschäftlicher Schwierigkeiten treu zur Seite: „Sie lassen sich den wertvollsten Erfolg Ihres Lebens entgleiten; nicht einen Tag, nicht einen Augenblick dürfen Sie jetzt ungenutzt vorübergehen lassen, Sie sollten sich durch keinen fremden Gedanken von Ihrer eigentlichen Aufgabe abbringen lassen, sondern nur daran denken, wie Sie Ihre Maschine, wie sie Ihnen im Geiste vorschwebt, in der rechten Art und Form verwirklichen können.« Und Watt widmete sich ganz seiner überwältigenden Aufgabe. Leupolds »Theatrum Machinarum« fiel ihm in die Hände, das die Maschinen des Bergbau- und Hüttenbetriebs im Oberharz behandelte. Aber das Buch war deutsch geschrieben, und er verstand kein Deutsch. Sofort machte er sich daran, auch diese Schwierigkeit zu bewältigen und fand in einem Deutsch-Schweizer, der sich in Glasgow als Färber niedergelassen hatte, einen Lehrer. Er lernte Deutsch und studierte das deutsche Buch. Diese Arbeit war keine Kleinigkeit in den trüben Stunden der Verzweiflung, wo Kopfschmerzen, Herzbeklemmungen und Schlaflosigkeit ihn quälten. In kranken wie in gesunden Tagen hetzte ihn sein Dämon, der Dampf, und gab ihm weder Ruhe noch Rast.

Wenn auch sein neues Modell hoch über die Newcomen-Maschine hinausragte und vorzüglich arbeitete, so sah er nur zu klar ein, dass der Weg bis zur Vollkommenheit, zum endlichen Triumph, noch weit war. Und diesen Verbesserungen waren die folgenden Jahre gewidmet: Eine Erfindung verlangte viele andere, die noch ausgedacht und ausgearbeitet werden mussten. Es scheint auch, dass Watt alle Möglichkeiten, die seine Erfindung bringen könnte, vorausgeahnt hat. Wir haben einen Brief von ihm aus jener Zeit, den er an Professor Small schrieb, wo er über Hochdruckdampf in einer Maschine spricht: »Ich will die Expansivkraft des Dampfes benützen, um auf den Kolben zu drücken, den jetzt der Druck der Luft hinuntertreibt, ich will eine Maschine bauen, die beides ausnützt, den Kondensor und die Dampfkraft, dann werde ich nur den Dampf allein benützen und ihn durch Ventile ins Freie entlassen, wenn er seinen Dienst getan hat.«

In jener Zeit, da ein Patent so leicht umgestoßen werden konnte, musste man die Vorbereitungen sehr geheim betreiben. In einer entlegenen Werkstatt, geschützt vor Späheraugen, baute Watt seine erste große Maschine nach dem patentierten Modell. Die Maschinenteile wurden teils in Watts eigener Werkstatt in Glasgow angefertigt, teils aus den Carron-Werken geliefert. Der alte Kampf gegen die Unzulänglichkeit der Mechaniker und Arbeiter begann von vorn: Diese standen vor etwas ganz Neuem, Unerwartetem, sie wussten nicht, was sie zunächst tun sollten. Als sich das Werk dem Ende näherte, fühlte sich Watt, wie wenn der Jüngste Tag anbräche, seine Hoffnungen waren so groß wie seine Befürchtungen. Aber sein optimistischer Partner Roebuck erhielt ihn bei Hoffnung und Schaffenskraft und half ihm über die dunklen Tage hinweg. Er war einer von denen, die niemals dem Teufel »Guten Morgen« sagen, ehe sie ihm begegnen. Smiles meint, dass ohne Roebucks Beistand Watt nicht so weit gekommen wäre; doch das möchte ich bezweifeln, denn Watt besaß eigene Sicherheitsventile, die ihn in seinem innersten Kern ungebeugt erhielten.

Endlich, im September 1769, war die neue große Maschine fertig. Ungefähr sechs Monate hatte er an ihr gearbeitet, allein der Erfolg war ziemlich gering: Der Röhrenkondensor arbeitete nicht recht, der Zylinder war fast ganz unbrauchbar, da er schlecht gegossen war, endlich blieb der alte Übelstand der mangelhaften Dichte der Kolbenwandung noch immer bestehen. Man hatte Kork, geölte Lappen, alte Hüte (haben wahrscheinlich wenig geholfen), Papier, Pferdedünger und andere Stoffe zum Dichten benutzt, aber immer noch strömte der Dampf durch. Der zweite Versuch war also fehlgeschlagen. So groß also ist der Abstand zwischen dem kleinen spielzeugartigen Modell und dem großen Riesen, der ordentliche Arbeit leisten soll, und an dieser Klippe ist schon so mancher hoffnungsfreudige Erfinder gescheitert. Dass Watt nicht an dieser Schwierigkeit zugrunde gegangen ist, beruht darauf, dass er als Mechaniker ebenso groß war wie als Erfinder, dann aber, weil sein Glaube an seine Erfindung so felsenfest war, dass nichts ihn erschüttern konnte.

Zu diesen Enttäuschungen kamen noch Geldsorgen. Es ist eine gefährliche Sache für einen, alles auf eine Karte zu setzen. »Wenn ich mein Missgeschick allein zu tragen hätte, würde ich mir nichts daraus machen, dann würde ich mich vor einem Fehlschlag nicht so sehr fürchten, aber ich kann den Gedanken nicht ertragen, dass andere unter meinen Hirngebilden leiden sollen, und dann habe ich noch die unglückselige Veranlagung, alles schwarz zu sehen«, schreibt er an Small. Watt hatte die Abneigung des schottischen Bauern gegen Schulden, den es tief im Herzen frisst, wenn durch seine Schuld sein Nachbar, der ihm freundlich ausgeholfen hat, Geld verliert, das dieser selbst nötig brauchen könnte. Und in einer solchen Lage befand sich Watt damals buchstäblich. Der immer hoffende, unternehmende Roebuck kam in finanzielle Schwierigkeiten, in seine Gruben war so viel Wasser eingedrungen, dass keine damalige Maschine es wieder auszupumpen vermochte. Er hatte gehofft, dass die neue Maschine ihn vor dem völligen Ruin bewahren würde, aber nun sah er sich in dieser Hoffnung betrogen. Seine Verpflichtungen waren so dringlich, dass er außerstande war, sein Versprechen zu halten und die Kosten für das Patent zu zahlen. Watt lieh sich zu diesem Zweck das Geld von dem nie versagenden Freund

Black. Wenn wir an Watt denken, sollten wir ihn uns immer vorstellen, wie er mit der einen Hand Black, mit der andern Small hält, mit deren Hilfe er das große Problem löste.

Zu viel Zeit hatte Watt auf unlohnende Arbeit verwandt, mehr, als er vor seiner Familie und den notwendigen Lebensansprüchen verantworten konnte, die sich gebieterischer als je vor ihn stellten. »Ich habe Weib und Kind, meine Haare beginnen zu ergrauen, und ich habe nichts getan, um für sie zu sorgen.« Er nahm seine frühere Arbeit am Clyde-Kanal wieder auf, und in den Jahren von 1770–1772 war er daran leitender Ingenieur. Er bekam 80 Pfund Gehalt. Arbeit, auch die höchst qualifizierte, wurde schlecht bezahlt in jenen Zeiten! Für die Zeichnung einer Brücke über den Clyde erhielt er nur 7 Pfund. Watt arbeitete Pläne aus zu Docks und Piers für den Glasgower Hafen und eine neue Hafenanlage in Ayr. Seine letzte und wichtigste Leistung als Ingenieur war der Bau des Kaledonischen Kanals im Jahre 1773. Auf diese Weise sparte er genügend Geld, um schreiben zu können: »Jetzt bin ich imstande, alle meine Schulden zu bezahlen und noch etwas übrig zu behalten, sodass mein Konto mit den Menschen bald glatt sein wird.« – Während er am Kaledonischen Kanal arbeitete, traf ihn das schwerste Geschick, das einen Mann treffen kann: Sein geliebtes Weib starb. Aber selbst beim Zusammenbruch seines Glückes blieb er ungebrochen.

Aus dieser Zeit besitzen wir einen bemerkenswerten Brief, in dem er über die Konstruktion eines Dampfschiffes spricht, und eine rohe Zeichnung einer Schiffsschraube, wie wir sie heute haben. Also vor 150 Jahren bereits lebte die Idee des Schraubendampfers in dem Kopfe eines Menschen! »Sind Sie für ein Spiralruder oder für zwei Schaufelräder?« Mit diesen Worten zeichnete er seiner Erfindung bereits den Weg in die ferne Zukunft!

Watts Teilhaberschaft mit Boulton

Mit aufrichtigem Bedauern nehmen wir von Roebuck Abschied, denn er war ein durch und durch vornehmer Charakter und der rechte Mann für Watt. Es war ein Missgeschick, dass er gerade in dem Augenblicke seinen Anteil an den Vorteilen der Erfindung aufgeben musste, als sie ihn vor dem Bankerott gerettet und ihm ein Vermögen eingebracht hätte. Doch bleibt es sein Ruhm, einmal Watt unentbehrlich und ihm ein treuer Freund gewesen zu sein.

Als Roebuck seine Verbindung mit Watt löste, erschien ein Hoffnungsstern erster Größe an Watts Glückshimmel in der Person des berühmten Matthew Boulton aus Birmingham, über den ich meinen Lesern einige Worte der Einführung sagen muss. Als Teilhaber hatte er wohl in der ganzen Welt nicht seinesgleichen. »Wenn du einen Freund haben willst, sei selbst einer«, sagt ein Sprichwort, das ganz besonders für Watt galt, der stets Freunde hatte, weil er auch andern immer ein ergebener Freund war. Boulton war nicht nur der rechte Mann, sondern er kam auch aus der rechten Gegend: aus Birmingham, dem Hauptsitz der Maschinenindustrie und der geschickten Mechaniker, deren Watt am allernötigsten bedurfte. Mit 17 Jahren schon hatte Boulton verschiedene Verbesserungen auf dem Gebiete der Knopf- und Uhrkettenfabrikation gemacht und stellte die beliebten eingelegten Stahlschnallen her, die damals in der ganzen Welt in Mode waren. Sie wurden in großen Mengen in Birmingham verfertigt, dann nach Frankreich ausgeführt und von dort wieder nach England gebracht als »allerneueste französische Mode«, als »die besten Erzeugnisse französischen Geschmacks«. Die menschliche Natur scheint sich allezeit gleich geblieben zu sein; ohne Rücksicht auf die Qualität entscheidet die Mode mit souveräner Unbekümmertheit. Der Name macht's! Nach seines Vaters Tode hatte er das Geschäft geerbt und unausgesetzt daran gearbeitet, seine Erzeugnisse qualitativ zu verbessern und sie auf eine höhere künstlerische Ebene zu bringen. Die geschicktesten Kunsthandwerker, die tüchtigsten Künstler nahm er in seinen Dienst, um die Zeichnungen für seine Metallwaren entwerfen zu lassen. So wuchs sein Werk und wurde bekannt; Neuanlagen und Zweigniederlassungen wurden nötig, wie die bekannten Soho-Werke. Welcher Geist sein Werk durchwehte, zeigt ein Brief, der noch erhalten ist: »Die Überlegenheit, die sich Birmingham erworben hat, macht jeden Fehler, der gemacht wird, sofort augenfällig und offenbart auch den leisesten Mangel an gutem Geschmack.« Er bekam den Hof als Abnehmer, und die Soho-Werke wurden zu einer Art Sehenswürdigkeit des Landes: Fürstlichkeiten, Gelehrte, Dichter und Kaufherren aller Länder suchten sie auf und wurden von Boulton gastlich empfangen. Angebote von jungen Herren, die in seinen Werken als Volontäre arbeiten wollten, wies er mit den Worten zurück: »Ich habe in meinen Fabriken nur eine Klasse von Lernenden: Waisenkinder und Gemeindeschuljungen; die Herren würden sich vielleicht in solcher Gesellschaft nicht wohl fühlen!« Obgleich Autodidakt, war er sehr gebildet, ein vornehmer Mann mit den Umgangsformen eines Gentlemans.

Boulton hatte einen offenen Blick für neue Ideen, und vor allem beschäftigte ihn das Problem der Dampfmaschine, da die Wasserkräfte, die seine Werke trieben, oft unzureichend waren. Manchen erfolglosen Versuch hatte er nach dieser Richtung bereits gemacht. Er gehört zu denen, die den von Carlyle geprägten Titel »Industrieka-pitän« am ehesten verdienen, denn in seiner Zeit war er ein Führer der Industrie, und das war lange vor der Zeit, wo die Industrie jene Klasse von Führern in Carlyles Sinne schuf oder deren überhaupt bedurfte.

Im Februar 1766 hatte er über das Problem des Dampfes an Benjamin Franklin nach London geschrieben, und Franklin hatte ihm trotz des Dranges der diplomatischen Geschäfte geantwortet und ihm für das übersandte Modell gedankt. Roebuck war ein Geschäftsfreund Boultons und hatte ihm auch von den Arbeiten Watts erzählt. Boulton hatte dafür großes Interesse bezeigt und den Wunsch ausgesprochen, Watt möchte ihn doch einmal in Soho aufsuchen. Watt folgte der Einladung, als er in Patentangelegenheiten wieder nach London reisen musste, traf aber Boulton nicht zu Hause an, jedoch dessen vertrauten und gelehrten Freund Dr. Small, den Franklin an Boulton empfohlen hatte. Watt war überrascht von dem, was er dort sah; zum ersten Male kam er mit geübten und in ihrem Fache vollendeten Mechanikern zusammen, an deren Mangel bisher alle seine Versuche gescheitert waren. Diese Präzision von Werkzeug und Arbeiter war für ihn etwas ganz Neues. Bei einem zweiten Besuche traf er Boulton selbst an, und wie Gleiches sich zum Gleichen fügt, so fühlten sich auch diese beiden Männer bald zueinander hingezogen, als sie sich sahen. Wie an einem geheimen Zeichen erkannten sie ihre geistige Verwandtschaft. Die Watt'sche Maschine wurde ausführlich besprochen, und ihr Erfinder war erfreut, dass der kluge, praktisch denkende und scharfblickende Fabrikant ihm einen großen Erfolg voraussagte. Kurze Zeit darauf besuchte auch Professor Robison die Soho-Werke, die wie ein Magnet die ganze gelehrte Welt jener Zeit anzogen. Ihm gegenüber äußerte sich Boulton, dass er seine Versuche mit der beabsichtigten Pumpmaschine aufgabe, denn er würde notwendigerweise die Anregungen benützen müssen, die er aus der Unterredung mit Watt geschöpft hätte, und das würde ein Unrecht gegen Watt sein. Ein solch zarter Ehrbegriff kennzeichnet den ganzen Mann. Gerade diese Denkweise gibt Einfluss und Überlegenheit in geschäftlichen Unternehmungen, nicht Verschlagenheit und schroffes Vorgehen.

Boulton und Watt wurden also Freunde und traten bald auch in Geschäftsverbindungen zueinander. Aus dem Briefwechsel zwischen Dr. Small und Watt geht hervor, dass Watt wiederholt den Wunsch aussprach, Boulton möchte neben Roebuck sein Teilhaber werden und an allen seinen Patenten seinen Anteil haben. Es war natürlich, dass der umsichtige Geschäftsmann nicht geneigt war, eine Teilhaberschaft mit Roebuck einzugehen, der sich damals in geschäftlichen Schwierigkeiten befand; die Lage änderte sich jedoch, als Roebuck zusammenbrach und seine Angelegenheiten in die Hände seiner Gläubiger gelegt wurden. Eine Aufstellung der Verpflichtungen ergab, dass Roebuck an Boulton die Summe von 1200 Pfund schuldete, und Boulton erklärte sich bereit, sich durch die Rechte an Watts Patenten für abgefunden zu erklären. Die Gläubigerversammlung der Roebuck'schen Konkursmasse, welche die Patentrechte für wertlos angesehen hatte, war damit sehr einverstanden. Watt sagte: »Schlechtes Geld wird anderem schlechten nachgeworfen!« Boultons Rechtsbeistand nannte dieses Geschäft ein rein imaginäres, das noch viel Zeit und Geld kosten würde, um es zu realisieren – das war das Urteil nach acht Jahren ununterbrochener Versuche, Fehlschläge und Enttäuschungen, acht Jahre nach der Erfindung des separaten Kondensors, der damals als der lang gesuchte und endlich gefundene Stein der Weisen gepriesen wurde. Es war die einzige richtige Grundlage, auf der auf dem Wege zur vollkommenen Dampfmaschine weitergebaut werden konnte, aber bis dahin gab es noch so manche Hindernisse, die Watts technisches und Erfindergenie zu überwinden hatte.

Die Übertragung von Roebucks Anteil auf Boulton war die Gründung einer neuen Gesellschaft Boulton & Watt. Der Letztere ordnete so bald als möglich seine Angelegenheiten; sein Jahreseinkommen hatte 200 Pfund betragen, wovon er noch die Hälfte Roebuck gegeben hatte, sodass er an Small schreiben konnte: »Ich kann mich zur Not erhalten und sogar noch eine Kleinigkeit zurücklegen für einen Besuch bei Ihnen.« Mit Gefühlen der Teilnahme liest man, in welcher Bedrängnis Watt war, wenn er einen Besuch in Birmingham zu den bedeutenderen Geschäftsausgaben rechnen musste. Seine Versuchsmaschine wurde nach Birmingham gebracht, Watt kam im Mai 1774 ebenfalls dorthin. Dort eröffnete sich ihm ein ganz neues Leben, wie durch einen Nebel hindurch sah der gehetzte und gequälte Erfinder das Anbrechen eines neuen Morgenrots.

Teilhaberschaften sollten nicht Verbindung von Ähnlichkeiten, sondern Gegensätzen sein: Einer soll den andern ergänzen. Man kann wohl sagen, dass sich wohl kaum zwei Menschen besser ergänzten als Boulton und Watt, und diese glückliche Vereinigung zeitigte auch ihren schließlichen Erfolg. Der eine besaß gerade die Eigenschaften, die dem andern abgingen. Smiles drückte diesen Gedanken sehr gut aus, und ich kann es mir nicht versagen, ihn hier wiederzugeben: »So verschieden beide Charaktere in vieler Beziehung auch waren, so hatte Boulton doch sofort eine lebhafte Zuneigung zu Watt gefasst. Boulton war ein Mann von leicht empfänglicher, vornehmer Sinnesart, frisch und unternehmend, der sich durch Schwierigkeiten nicht abschrecken ließ und eine erstaunliche Arbeitskraft besaß. Er war ein Mann von großem Takt, von klarer Auffassung und gesundem Urteil. Und mehr als das, er besaß die zum Erfolg unerlässliche Gabe der Ausdauer, ohne die auch der Bestbefähigte verhältnismäßig wenig erreicht. Watt hasste geschäftliche Angelegenheiten, für Boulton waren sie ein Lebenselement, er war ein Geschäftsgenie, eine Gabe, die so selten ist wie die Gabe der Dichtkunst oder der Strategie, er war ein bewundernswertes Organisationstalent. Mit scharfem Auge für Einzelheiten verband er einen das Ganze umfassenden Intellekt. Seine Sinne waren so scharf, dass er von seinem Kontor aus die geringste Störung in dem ungeheuren Betriebe spürte und sofort nach dem betreffenden Punkte seine Anordnungen schickte, seine Fantasie war so fruchtbar, dass er in Europa, Amerika und Asien alle Möglichkeiten wahrnahm, die sein Geschäft betrafen.«

Das Geschäftsleben hat eine poetische und eine Alltagsseite, und das kaufmännische Genie muss sich den ermüdenden Anforderungen des Alltags unterwerfen wie sich zum unbegrenzten Felde der Möglichkeiten erheben, wo sich ihm dieses auch darbieten mag. Boulton war mehr als ein bloßer Geschäftsmann, er war ein Kulturmensch, ein Freund der Musen. Sein gastliches Haus am Soho war der Sammelpunkt hervorragender Künstler, Schriftsteller und Gelehrten. Die Liebe und Bewunderung, die ihm von allen entgegengebracht wurde, sind ein Beweis seiner hochherzigen Sinnesart. Zu seinen Freunden zählte er den Naturforscher Darwin, den Dichter von »Sandford und Marton« Thomas Day, den Botaniker Withering, den Chemiker Joseph Priestley und so manchen andern berühmten Zeitgenossen. Boulton hatte Watt sofort beim ersten Zusammentreffen erkannt: nicht nur sein ursprüngliches, intuitives Genie, sondern seine unermüdliche Zähigkeit, seinen Ernst, den vorzüglichen Mechaniker, der hartnäckig seine Sache verfolgt, vor allem aber den feinfühligen, bescheidenen, aufrichtigen Mann, der sich aus Reichtum, der über Notwendigkeiten hinausgeht, nichts macht, der alles Geschäftliche verabscheut, der glücklich wäre, wenn er ohne Sorgen um das tägliche Brot sein Leben der Vervollkommnung seiner Dampfmaschine widmen könnte.

Als die mitgebrachte Maschine aufgestellt war, arbeitete sie unter den Händen der tüchtigen Arbeiter weit zufriedenstellender, und schon im November dieses Jahres konnte Watt an seinen Vater schreiben: »Alles geht hier gut, die Maschine bewährt sich besser als alle, die bisher gebaut wurden.« Das war echt schottisch und bescheiden, wie jener Dunfermliner sagte, als er einmal den großen Garrick als Hamlet sah: »Nicht schlecht gespielt!« Um der Wahrheit näher zu kommen: die Erfolge der richtigen Arbeitskräfte, verbunden mit einigen von Watt neu angebrachten Verbesserungen, waren so offensichtlich, dass Boulton und Watt daran dachten, auf die Verbesserungen ein Patent zu nehmen, um sie zu schützen. Von den 14 Jahren des zugesicherten Schutzes waren bereits 6 verstrichen, und bis die Erfindung sich allgemein eingeführt hätte, war zu befürchten, dass das Patent, ohne einen Gewinn eingebracht zu haben, ablaufen würde. Die neuen Versuche hatten natürlich überall Interesse erregt. Besonders war nach Wasserpumpwerken für Gruben starke Nachfrage, da sich die Newcomen-Maschinen ihrer Aufgabe nicht gewachsen zeigten, sobald die Schächte tiefer lagen. Diese Notwendigkeit hatte neben Watt noch manchen andern gereizt, an diesem Problem zu arbeiten, und einige versuchten Watts Prinzip auszubeuten, ohne ihm eine Entschädigung zu zahlen. Einer von Watts Arbeitern hatte nämlich dessen Zeichnungen gestohlen und verkauft. Er musste also auf der Hut sein, eine Verlängerung des Patents erschien notwendig, bevor Boulton neue Werke errichtete, um in großem Umfange Dampfmaschinen zu bauen. Watt reiste zu diesem Zwecke nach London, wo ihn die Nachricht vom

Tode Smalls traf. »Wenn es nicht noch etwas gäbe, das mich zwänge, meine Gefühle zurückzustellen, so würde ich ihm in die Wohnungen des Todes nachfolgen«, schreibt Boulton an Watt, und seine Antwort war, dass man sich jetzt nicht einer unfruchtbaren Trauer hingeben dürfe, sondern im Sinne des Abgeschiedenen unbeirrt weiter seine Pflichten erfüllen müsse: »Zollen wir unserm Freunde die schuldige Achtung dadurch, dass wir auf seinen Pfaden weiterwandeln. Ich will alles versuchen, Ihr Leben so angenehm wie möglich zu machen. Stürzen Sie sich in das Getriebe des Geschäfts so bald als möglich.« Wo wie hier die Teilhaberschaft über das Geschäftliche hinaus die Menschen einander näher führt und an allen inneren Angelegenheiten teilnehmen lässt, darf man sie wohl eine ideale nennen.

Small, 1734 in Schottland geboren, hatte als Professor der Mathematik und Naturwissenschaften in Virginia gewirkt, wo der spätere Präsident Thomas Jefferson zu seinen Schülern zählte, war aber nach seiner Heimat zurückgekehrt, weil ihm das amerikanische Klima nicht zuträglich war, und wurde durch Franklin bei Boulton eingeführt. Obgleich sein Wirken ihm wenig Nachruhm gesichert hat, so stand er doch in dem Kreise der Männer um Watt in höchster Schätzung. Darwin schrieb die Inschrift auf den Grabstein, den Boulton ihm errichten ließ.

Um diese Zeit war Watts Freund, der Mathematikprofessor Robison, von der Universität Glasgow an die russische Nautische Akademie in Kronstadt berufen worden und hatte auch für Watt eine Professur mit einem Jahresgehalt von 1000 Pfund ausgewirkt. Obgleich dieses Gehalt den armen Erfinder instand gesetzt hätte, sich aller Verpflichtungen Boulton gegenüber zu entledigen, schlug er jedoch den Ruf aus.

Alles hing davon ab, ob das Patent verlängert würde. Ehe dies aber nicht geschehen war, konnte Boulton mit der Errichtung dieses neuen Werkes nicht beginnen. Der Antrag kam im Frühjahr 1775 im Parlament zur Beratung, und die Gegnerschaft war sehr mächtig. Die Grubenbesitzer, die ein starkes Interesse daran hatten, dass aus den tieferen Schächten das Wasser herausgepumpt würde, warteten schon ungeduldig auf den Ablauf von Watts Patent. »Fort mit den Monopolen!« war der Schlachtruf. Die Verhandlungen endeten jedoch damit, dass die Patentinhaber alle Rechte auf weitere 24 Jahre zugesichert erhielten, und damit war die Bahn für ungehinderte Weiterarbeit frei. Wie überzeugt Boulton von der Zukunft der Erfindung war, beweist der Umstand, dass er an Roebuck die vereinbarten 1000 Pfund Gewinnanteil schon im Voraus zahlte.

Ein neuer Mann erscheint nun auf der Bildfläche! Wilkinson, der Erbauer der ersten eisernen Kähne und ein führender Eisenindustrieller jener Zeit, der sich von unten auf, von einem Wochenlohn von zwölf Schillingen, bis zum Großindustriellen emporgearbeitet hatte. Er erfand eine Bohrmaschine, die einen Zylinder von etwa 45 Zentimeter Innendurchmesser herstellte und so genaue Arbeit leistete, dass durch ihn eine der Hauptschwierigkeiten Watts beseitigt wurde. Dieser Zylinder wurde in die Maschine eingesetzt, und so befriedigend die Resultate schon vorher waren, der neue Zylinder war eine weitere ausschlaggebende Verbesserung. Der unternehmende Wilkinson bestellte die erste Maschine, die in Soho gebaut wurde. Viele Betriebe schafften nun auch die Newcomen-Maschine ab, zogen Bestellungen auf solche zurück und warteten begierig auf das angekündigte Wunder der Watt'schen Maschine. Die ersten Fabrikate mussten also so vollkommen wie möglich ausfallen, denn von ihnen hing der ganze Erfolg ab. Watt drängte auf Fertigstellung, aber der ruhige, kluge Boulton erklärte, nicht einen Finger für die neue Sache rühren zu wollen, bis nicht jedes Hindernis aus dem Wege geräumt sei, dann aber in Gottes Namen: Alle Mann vor, und jeder leiste, was er imstande ist! Ein guter Kampfruf. Und als der Tag kam, an dem die Maschine ihre Prüfung bestehen sollte, arbeitete sie zur Verwunderung aller vollkommen. Die Nachricht davon verbreitete sich schnell, es regnete Anfragen und Bestellungen, und wir wundern uns nicht, dass von den 30 Betrieben in dem Kohlenrevier 12 ihre Tätigkeit einstellten und die übrigen bald ins Hintertreffen kamen. Boulton bestellte bei Wilkinson 12 Zylinder und richtete sich auf die Herstellung von jährlich 65 Maschinen ein. Alle andern Maschinenteile wurden in den Soho-Werken angefertigt. Man sieht: der Kapitän war auf der Kommandobrücke. Zwar leistet heute ein gewisses Werk jährlich 2000 Maschinen, doch wir wollen uns dessen nicht allzu sehr rühmen, es liegen 150 Jahre dazwischen.

Eine Schwierigkeit blieb aber immer noch zu überwinden, nämlich der Mangel an ausgebildeten Arbeitskräften. Die wenigen in Soho vorhandenen reichten für die umfangreichen Bestellungen nicht aus, und es konnte nicht ausbleiben, dass nicht jede Maschine so ausfiel, wie sie sein sollte. Man schritt zur Spezialisierung und strengen Arbeitsteilung: Jeder bekam eine ganz bestimmte Arbeit zugewiesen. Aber bis dieses System richtig arbeitete, verging noch viel Zeit. Eine besonders große Maschine, von der viel abhing, war der »Bauch«, die nach London ging. Der beste Mechaniker wurde mitgeschickt, um sie aufzustellen, er bekam mündliche und schriftliche Anweisungen, genaue Zeichnungen von den einzelnen Teilen und blieb in ständiger Verbindung mit Watt. Jedoch die Maschine arbeitete nicht, bis schließlich Watt selbst nach London fahren musste, um die Schwierigkeiten zu beseitigen. Der Mechaniker blieb in London, weil ein nochmaliges Versagen der Maschine den Ruf der Erfindung hätte untergraben können. Und dieses Versagen trat auch wirklich ein, und zwar auf eine eigentümliche Weise. Ein Ingenieur bat den Mechaniker, ihm die neue Maschine zu zeigen. Er untersuchte sie sehr genau und war höchst befriedigt von ihr, hielt sie nur für allzu kompliziert für den praktischen Gebrauch. Schließlich lud der Ingenieur, um sich ihm erkenntlich zu zeigen, den Mechaniker ein, die beiden tranken, und in der Betrunkenheit ließ der Mechaniker die Maschine wie toll gehen, sodass sie völlig in Unordnung geriet. Die empfindlichsten Maschinenteile, die Ventile waren gesprungen. Nachdem aber die nötigen Reparaturen gemacht waren, arbeitete die Maschine wieder wie zuvor. Und solche Fälle, wo Trunkenheit störend in Watts Leben eingriff, gab es öfter. Wir können wohl mit Befriedigung sagen, dass es heute damit besser geworden ist, wir haben einige Fortschritte in der Bekämpfung dieses Übels gemacht, und man kann unsere Arbeiter im Großen und Ganzen wohl nüchtern und zuverlässig nennen.

Watts Maschine war vor ihrer Zeit geboren worden: Der Mangel an tüchtigen, nüchternen und ihrer Aufgabe gewachsenen Arbeitern, ferner an erforderlichen Präzisionswerkzeugen drohte beständig den Erfolg infrage zu stellen. Die beiden Teilhaber arbeiteten unausgesetzt an diesen notwendigen Voraussetzungen und erreichten auch schließlich ihren Zweck, jedoch kamen sie aus dem Regen in die Traufe. Je höher der Ruf der Geschicklichkeit der Arbeiter stieg, desto mehr und öfter trat die Versuchung an sie heran, ihre bisherigen Stellungen aufzugeben und sich in fremden Dienst zu stellen. Besonders kamen solche Angebote aus Russland, wo man ihnen jährlich 1000 Pfund geben wollte. Gegen die Versucher wurden Verhaftungsbefehle erlassen, sodass sie verschwanden!

Auch französische Agenten kamen, um einige von Watts Gehilfen zu verleiten, nach Paris zu gehen und das

Geheimnis zu verraten. Man wollte die Maschinen nämlich für die Pariser Wasserleitung verwenden. Aus ähnlichen Gründen kamen auch aus Deutschland Unterhändler, und der Freiherr von Stein bekam den besonderen Auftrag von seiner Regierung, Watts Geheimnis herauszubekommen, sich die Pläne zu verschaffen und ein paar tüchtige Maschinenbauer und Mechaniker mitzubringen. Smiles berichtet all dies mit solcher Bestimmtheit, dass er wohl aus sicheren Quellen geschöpft haben muss. Auch der russische Zar Peter der Große bezeigte Interesse für die neue Erfindung und war mit der Zarin Gast in Boultons Hause. Dieses Interesse des Zarenpaares war ein Zeichen wahrer Staatsmannskunst und Weisheit, als es sich in anderen Ländern umsah, ob sich nicht etwas für das eigene Land verwerten ließe. Es mag wohl selten vorkommen, dass Monarchen sich für technische Dinge interessieren, obgleich auch der englische König Eduard und sein Neffe, der deutsche Kaiser, für solche Dinge viel Verständnis bekundeten. Es ist aber ein eigentümliches Zusammentreffen, dass ein Nachfolger jenes russischen Kaisers als Großfürst darauf verzichtet hat, sich die Soho-Werke anzusehen. Vielleicht hätte er es doch getan, hätte ihn nicht seine Umgebung davon abgehalten, sich diesen Vorteil zunutze zu machen.

Es ist erklärlich, dass nur wenige Gehilfen Watts so weit waren, dass sie mit der Zusammensetzung der Maschinen in ihren Bestimmungsorten betraut werden konnten, denn bei der Kompliziertheit der ersten Maschinen gehörte ziemlich viel Können dazu. Wenn ein solcher einmal gefunden war und die Maschine unter seiner Hand zu dem schnaubenden Riesen geworden war, der sie sein sollte, wenn dann das hineingesteckte Kapital mit gutem Gewinn wieder hereinkam, dann geschah es oft, dass der nunmehrige Eigentümer den Meister nicht gehen lassen wollte, der sie in Gang gebracht hatte. Er bot dem Reiter, der sein Pferd kannte, einen über alle seine Träume hinausgehenden hohen Lohn, damit dieser es noch weiter in Obhut behalten möchte. Dann aber liebt auch der Werkmeister seine Maschine, die er unter seinen Händen hat entstehen sehen und die er selbst zum Leben erweckt hat. Aber gerade solche Leute braucht auch der Fabrikant wieder, er ist an solche nicht weniger gebunden wie der Käufer, wenn auch ein tüchtiger Mann, der die Maschine gut in der Hand hat, den Ruf der Firma vermehrt. Heute ist das alles anders geworden, aber es hat lange gedauert, ehe die damals gestreute Saat reiche Frucht getragen hat.

Bevor sich Watt endgültig in Birmingham niederließ, heiratete er die Tochter des Glasgower Kaufmanns MacGregor, der als Erster die Chlorbleiche in England eingeführt hatte, und schloss auch mit Boulton einen Vertrag über ihre Teilhaberschaft auf folgender Grundlage:

1. Das Eigentumsrecht aller Erfindungen gehört zu einem Drittel Watt, die übrigen zwei Drittel Boulton.

2. Alle Patent- und sonstigen Auslagen, die vorbereitenden Kosten aller künftigen Erfindungen fallen zu Lasten Boultons, und zwar nicht als Darlehen, sondern als Betriebsausgaben.

3. Alle geschäftlichen Angelegenheiten, die Sorge für das Gedeihen des Unternehmens ist alleinige Sache Boultons, der an Watt keinerlei dahinzielende Ansprüche stellen darf.

4. Ein Drittel des Geschäftsgewinnes, der zahlbar wird, sobald das Geld einkommt, und der sich ergibt nach Bezahlung der Arbeitslöhne und der

Rohmaterialien, jedoch ohne Einrechnung einer Verzinsung des Anlagekapitals, fällt Watt zu, die übrigen zwei Drittel Boulton.

5. Die Verpflichtungen Watts bestehen in Konstruktionsversuchen, in der technischen Oberleitung und der Überwachung der Ausführung. Etwaige Reisen eines der beiden Teilhaber werden aus Gesellschaftsmitteln bestritten, insofern sie gemeinsame Interessen zum Zwecke haben.

6. Die Führung der Geschäftsbücher und die Aufstellung der Bilanz obliegt Boulton.

7. In einem besonderen Buche sollen jene geschäftlichen Transaktionen aufgezeichnet werden, die eine besondere Bedeutung haben und die, von beiden unterschrieben, die Wirkung von Verträgen haben.

8. Keiner der beiden Teilhaber darf seinen Anteil veräußern. Im Falle einer von ihnen durch Tod oder sonst irgendwie in die Unmöglichkeit versetzt ist, weiterhin seinen Platz auszufüllen, soll der andere Teil allein die Geschäfte führen, ohne Rücksicht auf etwaige Einmischungen oder Einsprüche der Erben, Bevollmächtigten oder Vermögensverwalter; nur die Bücher sollen der Einsicht der gesetzlichen Erben offenstehen, und der geschäftsführende Teilhaber soll berechtigt sein, für die erhöhte Arbeitsleistung eine besondere Vergütung für sich in Anspruch zu nehmen.

9. Der Vertrag gilt auf 25 Jahre, anfangend vom 1. Januar 1775 unbeschadet aller späteren Abmachungen.

10. An die vorstehenden Vertragsbestimmungen sind die Erben, Testamentsvollstrecker und Bevollmächtigten gebunden.

11. Im Falle des Ablebens beider Vertragschließenden treten beider Erben unter denselben Bedingungen an ihre Stelle, es bleibt ihnen aber unbenommen, vom Vertrage zurückzutreten.

Das Wirken in Birmingham

Im August 1776 siedelte Watt nach Birmingham über, das nun sein dauernder Wohnsitz werden sollte, jedoch die Beziehungen zu seiner Vaterstadt und seinen Glasgower Freunden hat er niemals abgebrochen. Im Herzen ist er immer ein Schotte geblieben, dessen Herz schneller schlug beim Klange des Tartan, der seine weiche, breite, schottische Sprechweise behielt und der wohl sicherlich nie die alten schottischen Balladen vergaß. So mancher Schotte ist seitdem südwärts gezogen und hat seinen und seiner Heimat Namen berühmt gemacht: Stephenson, Ruskin, Carlyle, Mill und noch viele, viele andere; aber keiner von diesen hat der Welt so sehr seinen Stempel aufgedrückt wie Watt.

In Soho spürte man bald die neue Hand. Die Soho-Werke überflügelten, was Arbeitermaterial und gute Erzeugnisse anlangte, alle anderen bekannten Werke. Die ersten Bestellungen auf Watt-Maschinen kamen aus Cornwall, wo sich die Newcomen-Maschinen als völlig unzureichend erwiesen hatten. Da von dieser Bestellung für den Ruf und den Erfolg alles abhing, überwachte Watt selbst den Bau und die Zusammensetzung. Mit sehr gemischten Gefühlen sah man dem Eindringling entgegen. Eifersucht, Gehässigkeit und boshafte Anschläge machten Watt den Aufenthalt in Cornwall nicht zu einem angenehmen. Der große Tag kam, wo das Werk in Gang kommen sollte, und Ingenieure, Grubenbesitzer und andere Neugierige kamen zusammen, um den Erfolg zu sehen. So mancher unter den

Zuschauern würde sich gefreut haben, wenn die Maschine versagt hätte – doch sie lief vortrefflich. Nun flogen die Bestellungen herein, und Watt hatte alle Hände voll zu tun, um die Pläne und Zeichnungen zu machen. Heute haben wir dafür Zeichner, die den Konstrukteuren die Ausführung der Entwürfe abnehmen, ebenso wie wir heute Tausende zur Verfügung haben, denen wir die Aufstellung der neuen Maschinen anvertrauen können. Watt aber musste überall selber dabei sein, er schrieb: »Ich fürchte, man wird mich in Stücke zerreißen und jedem Stamme Israels ein Stück zuschicken.«

Das stetig sich ausdehnende und verzweigende Geschäft beanspruchte selbstverständlich viel Kapital. Von den verkauften Maschinen kam zuerst wenig Geld ein, die Grubenbesitzer verlangten erst eine Garantiezeit, ehe sie eine Zahlung leisteten, aber die neuen Versuche verschlangen viel Geld. Boulton wollte auf die Maschinen ein Darlehn aufnehmen, doch Watt widerriet. Die Maschinen arbeiteten zwar ausgezeichnet, aber wer bürgte dafür, dass sie sich weiter bewährten. Watt schlug vor, den tüchtigen Wilkinson als Teilhaber hereinzunehmen, der die Zylinder herstellte, ferner alle irgendwie entbehrlichen Ausgabeposten zu streichen, indem er rührend hinzufügte, dass er sich selbst die größtmöglichste Einschränkung auferlegen wolle. Damals betrugen Watts persönliche Ausgaben zwei Pfund in der Woche, und wir müssen über diesen von ihm vorgeschlagenen Ausweg lächeln. Doch er war auf dem rechten Wege und gab Boulton wenigstens ein gutes Beispiel. Er vermochte freilich nicht die Verhältnisse von einem andern Standpunkt aus zu sehen, zudem war Boultons alter Teilhaber Fothergill noch verzweifelter als Watt. Während Boulton überall herumreiste, um Mittel ausfindig zu machen und die Schwierigkeiten zu beheben, schrieb Fothergill Briefe über Briefe und stellte Forderungen über Forderungen an seinen Teilhaber. Er wollte eine Gläubigerversammlung einberufen und lieber ein Ende mit Schrecken als ein Schrecken ohne Ende haben. Boulton musste heimreisen, um Fothergill zu beruhigen und das Schiff vor dem Winde zu halten. Seine geschäftliche Begabung zeigte sich hier aufs Glänzendste, er war jeder Schwierigkeit gewachsen. Sein Mut und seine Entschlossenheit wuchsen mit ihm, er war getragen von einer unwandelbaren Hoffnung und dem unerschütterlichen Glauben an Watts Maschine. Seine Mühen wurden belohnt, und es gelang ihm, auf die Maschinenpatente als Pfand ein Darlehn von 14.000 Pfund und eine Annuität von 7000 Pfund aufzunehmen. Eine solche verhältnismäßig geringfügige Summe von 21.000 Pfund genügte, um ein so großes Schiff flott zu machen! England befand sich damals in einer schweren Krise, als unsern Maschinenfabrikanten das Wasser in den Mund lief, und in Krisenzeiten ist Kredit nur sehr schwer zu bekommen. Eine kleine Summe tut dann schon Wunder. Aus meiner eigenen Erfahrung kann ich berichten, dass mich einmal, als während einer Panik das Geld sehr knapp war, genau dieselbe Summe aus einer schweren Verlegenheit rettete. In kritischen Zeiten zählt jeder Dollar doppelt und dreifach. Boultons zaghafte Partner waren starr vor Erstaunen, dass er so blind gegen die Gefahr zu sein schien, die sie selber so erschreckend deutlich vor sich zu sehen glaubten. Und doch sah wohl niemand die Dinge klarer als Boulton, aber es geziemt einem Führer nicht, seiner Gefolgschaft alles zu offenbaren, was er sieht und fürchtet, sondern der ist der rechte Feldherr, der seine Leute anzufeuern und ihnen den Geist einzuflößen versteht, die Gefahr zu verachten, die er besser und deutlicher sieht als die andern. So dachte auch Boulton, denn in ihm lag der unbezwingbare Wille und der unverrückbare Vorsatz, entweder zu siegen oder zugrunde zu gehen. Er hatte alles auf eine Karte gesetzt und war entschlossen, das Spiel zu gewinnen.

Voller Eifer, die Maschine überall einzuführen, hatten die Hersteller bei den Verkaufsbestimmungen wenig Wert auf die Zahlungsbedingungen gelegt, sondern nur vereinbart: wenn sich die Maschinen bewährten, sollten die Abnehmer ein Drittel der ersparten Feuerung zahlen. Das war eine sehr leichte Bedingung, denn abgesehen davon, dass die Grubenbesitzer zwei Drittel der Feuerung sparten, wurden die Gruben durch die neuen Maschinen förderungsfähig, was sie vorher nicht gewesen waren. Und trotzdem wurden selbst diese leichten Bedingungen nicht eingehalten und führten zu endlosen und verwickelten Streitigkeiten. Man beschloss, zu den früheren Verkaufsbedingungen zurückzukehren, Watt wollte sonst keinen Stift mehr anrühren zu einer Zeichnung. »Wir wollen annehmbare Bedingungen stellen«, sagte er, »aber sie müssen eine bare Vorausbezahlung enthalten, damit wir wenigstens etwas Geld in die Hand bekommen, um uns über Wasser zu halten.« Der Erfolg gab Watt Recht. Man brauchte seine Maschine, um die Gruben förderungs- und ertragsfähig zu machen, nichts anderes war dazu imstande.

So sehr Fothergill einen baldigen Zusammenbruch voraussagte, so sehr der Londoner Vertreter Boultons Anwesenheit dorthin verlangte, weil das Geschäft dort sehr schlimm stände, so folgte er doch Watts Einladung nach Cornwall, um dort auf neuer Grundlage die Geschäfte abzuschließen. Endlich, nach neun Jahren ununterbrochener Anstrengung, wurden sie durch die goldene Ernte des Erfolges belohnt. Die Werke und alles, was dazu gehörte, wurden ausgebaut, die Methoden verbessert, und die Arbeiter leistungsfähiger gestellt. Ein Arbeiter-Unterstützungsverein wurde gegründet, vielleicht der erste dieser Art überhaupt, dem jeder Arbeiter als Mitglied angehören und zu dem er einen seinem Lohn entsprechenden Beitrag zahlen musste. Kranke und Arbeitsunfähige erhielten aus dieser Kasse eine Rente, und kein Arbeiter der Soho-Werke, unverbesserliche Trunkenbolde ausgenommen, fiel fortan den Gemeinden zur Last. Bei dem Großjährigkeitsfest von Boultons Sohn wurden sämtliche 700 Arbeiter ohne Ausnahme eingeladen. Das war etwas ganz Neues in England, und die Arbeiter haben diese Ehrung wohl höher angerechnet als eine Erhöhung ihres Arbeitslohnes. Einem rechten Arbeiter genügt auch der Lohn nicht, den er für seine Leistungen erhält, er will bei seinem Brotherrn auch Anerkennung dafür sehen und diese Anerkennung an sich spüren. So wurden die Soho-Werke zu Musterbetrieben. Wir hören nichts von Arbeitseinstellungen und Aussperrungen, von gespannten Beziehungen zwischen Kapital und Arbeit bei Boulton & Watt – ein Beweis, dass Arbeiter und Betriebsleiter einander Verständnis entgegenbrachten.

Einer unter den Arbeitern, namens Murdock, erlangte eine gewisse Berühmtheit. Von Boultons und Watts Ruhm angezogen, war er nach Soho gekommen, um sich dort in seinem Fache weiterzubilden. Er war der geborene Mechaniker. Zuerst wurde er eingestellt für einen Wochenlohn von 15 Schillingen, und seine Geschichte ist die aller derer, die sich von unten auf in leitende Stellungen emporarbeiten. Als er einmal bei der Aufstellung einer Maschine auswärts war und dabei unvermutete Schwierigkeiten hatte, hörten die Leute eines Nachts in Murdocks Zimmer dumpfes Poltern und Rufe. Als sie ins Zimmer stürzten, sahen sie Murdock auf dem Boden liegen und rufen: »Jungen, jetzt geht sie, jetzt geht sie!« So sehr war er von seiner Aufgabe erfüllt, so sehr lebte er in seiner Arbeit, dass sie ihn auch noch in seinen Träumen beschäftigte. Sein Aufstieg war darum nichts Außergewöhnliches – solche Leute könnte man auch niemals niederhalten. Anfangs war er nur ein gewöhnlicher, wenn auch sehr geschickter Arbeiter und hätte vielleicht sein Leben lang mit den Händen allein sein Brot verdienen müssen. Aber er wusste auch mit den Menschen umzugehen. Er war noch nicht lange in Cornwall, als ein halbes Dutzend Grubenbesitzer, die dem armen, bescheiden auftretenden Watt sehr zugesetzt hatten, in den Maschinenraum kamen und sich über ihn lustig machten. Murdocks Schottenblut geriet in Wallung. Er schloss die Tür ab und sagte dann zu den Grubenbesitzern: »Jetzt, meine Herren, werden Sie diesen Raum nicht eher verlassen, bis wir nicht gewisse Dinge ein für alle Mal ins Reine gebracht haben.« Hierauf langte er sich den Größten heraus, und der Kampf war bald aus: Der Renommist lag am Boden. Murdock trat auf den nächsten zu, und als die andern sahen, was ihr Gegner für ein Kerl war, machten sie Frieden und schieden als gute Freunde von ihm. Wir sind heute über jene Art, Streitigkeiten auszutragen, hinaus. Der gebildete und tüchtige Betriebsleiter von heute hat gebildeten Menschen gegenüber keine wirksameren Waffen als die überlegene Macht der Vornehmheit, der Höflichkeit im Ausdruck, der guten Lebensart, der Kennzeichen wirklicher Bildung. Durch ruhige Aussprache wird er nie Öl ins Feuer gießen. Nur auf solche Art wird er andere bezwingen und beherrschen, weil er dadurch zeigt, dass er sich selbst zu beherrschen gelernt hat. Zu seinen persönlichen Eigenschaften, die Murdock wertvoll machten, kam noch sein Genie. Er war der Erfinder des Gaslichts, und er hat das erste Modell einer Lokomotive gebaut. Wenn etwas fehlte, musste er helfend eingreifen, und wir lesen mit Erstaunen, dass er noch im Jahre 1780 nur ein Pfund wöchentlichen Lohn erhielt. Bescheiden bat er um eine Gehaltserhöhung, erhielt sie aber nicht, nur ein Geschenk von zwanzig Pfund unter der Buchung für besondere Dienstleistungen. Vielleicht können wir außer dem schlechten Geschäftsgang um jene Zeit eine Erklärung für die Ablehnung darin finden, dass man dem einen nicht geben wollte, was man andern versagen musste. Obwohl ihm von anderer Seite eine Teilhaberschaft angeboten wurde, blieb Murdock doch loyal bei der Firma. Der Lohn für sein Verhalten blieb auch nicht aus.

Einen amerikanischen Murdock habe ich selber in Hauptmann Jones kennengelernt, den besten Betriebsleiter, den ich je gehabt habe. Als junger Mechaniker wurde er mit einem Tagelohn von zwei Dollar in den Carnegie-Stahlwerken eingestellt. Als Freiwilliger hatte er den Bürgerkrieg mitgemacht und war Hauptmann geworden. Er war der geborene Erfinder, und eine Erfindung warf ihm eine Million Pfund ab. Er wurde erster Betriebsleiter eines ganzen Werkes und die rechte Hand unserer Unternehmungen in allen technischen Fragen. Wir boten ihm an, Teilhaber zu werden, und er würde bald die Zahl unserer Multimillionäre um einen vermehrt haben, aber er lehnte ab, indem er sagte: »Ich danke Ihnen, aber ich will mit dem Geschäft nichts zu tun haben. Die Konstruktion gibt mir gerade genug zu denken, ich habe übrigens bereits ein Bombeneinkommen!«

»Gut, Hauptmann«, sagte ich zu ihm, »Sie sollen so viel Gehalt bekommen wie der Präsident der Vereinigten Staaten!« Jones stand treu zu seiner Fahne und trat erst ab, als der Sensenmann ihm auf die Schulter klopfte. Glücklich das Werk, das solche Leute zu seinen Mitarbeitern zählt und ihnen Raum und Gelegenheit gibt, ihre eigenen Wege zu gehen.

Im Jahre 1778 konstruierte Watt eine Kopierpresse, dieselbe, die wir heute noch haben. Er schrieb an Dr. Black, dass er ein Verfahren entdeckt habe, mittels dessen man einen mit einer bestimmten Tinte geschriebenen Brief kopieren könne. Er wolle ihm das Geheimnis mitteilen, wenn er eine Verwendung dafür habe, er kopiere jetzt alle seine Geschäftsbriefe. Im Jahre 1780 nahm er darauf ein Patent, nachdem alle Einzelheiten und die Tinte ausgeprobt waren. Hergestellt und verkauft wurden jedoch nur 150 Stück, von denen noch 30 ins Ausland gingen. Nur langsam machte diese Erfindung ihren Weg. Nach 30 Jahren schrieb Watt, dass diese unscheinbare Erfindung doch die Mühe gelohnt habe, die er sich um sie gemacht, wenn sie auch nicht viel abgeworfen habe. Wenn wir an Watt denken, kommt uns immer die Vorstellung an seine Dampfmaschine. Jetzt wollen wir uns auch auf seinem Tische die bescheidene Kopierpresse dazu denken. Wieder einmal sind die Gegensätze nahe aneinander gekommen. Es dürfte wohl schwer sein, eine Erfindung zu nennen, die allgemeiner in Gebrauch gewesen wäre als die Kopierpresse, die in jedem Kontor, in jedem Bureau zu finden war, solange Briefe mit der Hand geschrieben wurden.

Um dieselbe Zeit konstruierte Watt einen Wäschetrocknungsapparat: drei kupferne Zylinder, die mit heißem Dampf gefüllt werden, und drei hölzerne Rollen, durch die abwechselnd die Wäsche hindurchgerollt wird. Wenn wir bedenken, welche Verbreitung dieser Apparat heute gefunden hat, so wird unsere Achtung für Watt durch diese Erfindung nicht wenig erhöht. Sie ist ein würdiges Seitenstück zur Kopierpresse.

Die Abende widmete Watt dem Problem des fahrbaren Dampfwagens. Schon vor den Tagen der Eisenbahnen fuhr man auf den gewöhnlichen Straßen auf Wagen, die durch Dampfkraft bewegt wurden. Watt füllte einen ganzen Quartband mit Zeichnungen über dieses Problem an, das er von Anfang an für von der höchsten Bedeutung gehalten hatte, und wurde immer wieder von Boulton gedrängt, es zu lösen und zu vervollkommnen. Das Prinzip bestand darin, eine gewöhnliche Dampfmaschine mit einem gewöhnlichen Wagen in Verbindung zu bringen. Er konstruierte eine Kurbelwelle, die durch den Kolben der Maschine bewegt wird – eigentlich nichts Neues, denn Kurbelwellen gab es bereits beim Spinnrad, beim Schleifstein, bei der Handdrehbank, nur deren Verbindung mit der Dampfmaschine war das Neue.

In seiner »Siebenten Patentschrift« vom Jahre 1784 beschreibt er das »Prinzip und die Konstruktion einer Dampfmaschine, die mit einem Rädergestell in Verbindung gebracht und imstande ist, Personen und Frachtgüter von einem Platz zum andern zu befördern«.

In den langen Jahren der Prüfung, der geschäftlichen Sorgen, der Unannehmlichkeiten mit unfähigen Arbeitern, der Enttäuschungen durch versagende Maschinen, der Intrigen durch Grubenbesitzer fand Watt in der Lösung neuer Probleme seine einzige Erholung. Von seiner ursprünglichen Aufgabe der Vervollkommnung der Dampfmaschine ließ er sich ablenken zu zahlreichen, den ganzen Menschen weniger erschöpfenden Problemen, um sich auszuruhen. Wirklich zu ruhen schien er niemals. Aus seiner umfangreichen Korrespondenz sehen wir, dass eine Erfindung die andere jagte: ein Mikrometer, eine Schiffsschraube, ein neuer Feldmessapparat, ein Übertragungsapparat für Zeichnungen, ein Kopierapparat für Bildhauer, kurz bei allem und jedem, was er sah, legte er sich die Frage vor: Kann dies nicht noch verbessert werden? Und fast immer fand er diese Verbesserung.

Die Studierlampe zu Watts Zeiten war ein gar armselig Ding, und da er sich außerstande sah, mit dieser an den Abenden zu arbeiten, konstruierte er eine neue. Lange Zeit wurden in den Soho-Werken solche Lampen hergestellt. Ferner erfand er ein Instrument zur Ermittelung des spezifischen Gewichts von Flüssigkeiten, dann Röhren aus einer elastischen Masse, die sich nicht auflöst, deren

Wichtigkeit durch ihre vielfache Verwendung bewiesen ist. Viel Zeit verwendete er auf die Konstruktion einer Rechenmaschine, die so einfach war, dass er sagte: »Ich habe die Erfahrung gemacht, dass auf dem Gebiete der Technik viel Neues zum Greifen nahe liegt.« Wenn irgendeine technische Schwierigkeit auftauchte, wandten sich die Leute an Watt, dass er sie lösen solle. So konnten die Röhren der Glasgower Wasserleitung nicht durch den Clyde geführt werden, da das Flussbett von Schutt, Triebsand und anderen Hindernissen voll war und noch den Druck einer beträchtlichen Wassermenge auszuhalten hatte. Man wandte sich an Watt, denn wer hätte sonst helfen sollen? Und gerade solche Probleme bearbeitete Watt gern. Er konstruierte durch Gelenke verbundene Saugrohre, deren einzelne Teile wie Krebsschwänze aussahen. Als Anerkennung dafür wurde ihm ein wertvolles Geschenk gemacht. Ein anderes Problem, mit dem er sich befasste, war die Ausnutzung und Verringerung des Schornsteinrauches. Gerade diesem Versuch sind so viele von anderer Seite gefolgt, um die Städte von Rauchwolken zu befreien. Sicherlich ist es möglich, den größten Teil des Rauches, der aus den Fabrikschloten herauskommt, unschädlich zu machen, wenn die Fabriken gesetzlich gezwungen würden, für einen zureichenden Heizraum zu sorgen, auf die Feuerung und die sonstigen Vorschriften zu achten, aber ich kenne bis jetzt keine Stadt, die dies durch Verordnungen erreicht hätte. Und außerdem sind dann noch die Privathäuser, aus denen zusammengenommen weit mehr Rauch ausgestoßen wird als aus den Fabrikschloten. Solcher Art waren Watts Nebenarbeiten, seine Erholung war der Wechsel der Beschäftigung. Wir lesen nichts von Tagen des Müßigganges, von Vergnügungsreisen, von Ferien – nur von Abwechslung der Tätigkeit. Sein Geist schien das ganze Feld der Möglichkeiten zu durcheilen.

Auch die Anwendung der Dampfkraft auf Boote beschäftigte sein Gehirn. Er versuchte verschiedene Male diesem Problem näher zu kommen, aber er ließ davon ab, weil er bereits völlig in Anspruch genommen war. Erst am 6. August 1803 bestellte Fulton bei der Firma eine Maschine nach seinen eigenen Zeichnungen und wiederholte im nächsten Jahre persönlich den Auftrag. Anfang des Jahres 1805 wurde sie nach Amerika verschifft und 1807 auf der »Clermont« angebracht, die als erstes Dampfboot auf dem Hudson fuhr mit einer Geschwindigkeit von drei englischen Meilen in der Stunde. Und obgleich Fulton weder die Schiffskonstruktion noch die Maschine noch die Verbindung von beiden erfunden hatte, gilt er doch als der Erfinder des Dampfschiffs. Nur weil er unzählige Schwierigkeiten überwunden hat, welche die meisten Menschen abgeschreckt hatten, deshalb führt er diesen Titel mit Recht. Fulton, ein Schotte aus Dumfriesshire, hatte im Jahre 1801 Symingtons Dampfboot, die »Charlotte Dundas« gesehen, als es Lastkähne durch den Forth- und Clyde-Kanal zog. Dies war der erste Schleppdampfer. Er wurde aber bald außer Betrieb gesetzt, nicht weil er seinen Dienst nicht mehr tun konnte, sondern weil er zu viele Wellen machte, welche die Ufer beschädigten. Wir dürfen aber nicht vergessen, dass erst durch die Kombination der Watt'schen Dampfmaschine mit einem Schiff das Dampfboot möglich gemacht wurde, und wir verdanken die Riesendampfschiffe, die jetzt auf den Meeren schwimmen, eigentlich Watt. In jedem Wind und Wetter fahren die Passagiere jetzt fast ohne jede Unbequemlichkeit über die Meere von Hafen zu Hafen, ohne von der Unruhe des Meeres viel zu verspüren. Der Ozean ist für solche Schiffe wie ein glatter Schienenstrang, und eine Woche auf einem solchen Schiffe zugebracht, ist die angenehmste, gesündeste und ungestörteste Ferien-

erholung, vorausgesetzt, dass der Ausflügler klugerweise
die Weisung zurückgelassen hat, dass ihn keine drahtlosen
Telegramme verfolgen dürfen.

Der volle Erfolg

Die zahlreichen, weniger glücklichen Nebenbuhler und die Neider Watts machten unaufhörlich Versuche, seinen neuen Erfindungen nachzuspüren; deshalb drängte Watt, auch auf diejenigen Verbesserungen an der Maschine, die in dem ersten Patent noch nicht mit einbegriffen waren, ein Patent zu nehmen. Am 25. Oktober 1781 wurde das sogenannte zweite Patent: »gewisse neue Methoden, eine beständige Rotationsbewegung um eine Achse hervorzubringen und vermittelst dieser Achse ein Rad oder eine Maschine in Bewegung zu setzen«, gegeben. Nicht weniger als fünf verschiedene Methoden werden angegeben, von denen die fünfte allgemein als die »Sonne- und Planeten«-Methode bekannt ist. Bei jedem Kolbenzuge der Maschine wird das Rad ohne Zuhilfenahme anderer Maschinen zweimal in Umdrehung gesetzt, sogar noch öfter. »Nun vermag die Maschine«, schreibt Watt, »in unsern Fabriken, Mühlen und anderen Betrieben die Wasser-, Wind- und Pferdekraft zu ersetzen, jetzt braucht die Fabrik nicht mehr zur Kraft zu gehen, sondern diese geht überall dahin, wo es dem Unternehmer am zweckmäßigsten ist.« Dieses Moment ist auch das entscheidende, nämlich: dass die Dampfmaschine transportierbar und für die verschiedenartigste Verwendung geeignet ist. Die Formen sind seit Watt andere geworden und manches ist fallen gelassen, aber das sind nur Beweise dafür, dass das Genie, wenn es nach einer Richtung hin den Weg verlegt findet, sich einen anderen bahnt.

Im Jahre 1782 schrieb Watt eine nicht minder wichtige »Spezifikation«, die alle neu hinzugekommenen Verbesserungen umfasst; sie betreffen vor allem fünf Punkte:

1. Die Ausnutzung der Expansivkraft des Dampfes sowie einige Methoden und Apparate, um diese Expansivkraft auszugleichen.

2. Die doppelt arbeitende Maschine, die den Kolben nicht bloß hinaus-, sondern auch wieder hineinstößt.

3. Die Zwillingsmaschinen, die durch Rohre und Ventile miteinander in Verbindung stehen, die ebenso wohl zusammen wie getrennt arbeiten können, deren Kolbenstöße korrespondieren können.

4. Die Anbringung einer gezahnten Stange anstatt einer Kette, um den Kolben mit dem Werk zu verbinden.

5. Das Schwungrad.

Von diesen neuen Erfindungen legte er eine große Zeichnung dem Parlament vor, als er um die Erweiterung seines ersten Patentes einkam. Er wollte sich vor Piraten und Plagiatoren schützen, soweit es damals möglich war. Auf die doppelt arbeitende Maschine folgte die zusammengesetzte Maschine, bei der die Zylinder und Kondensoren von zwei oder mehreren Maschinen in Verbindung gebracht werden, sodass die Stoßbewegung des einen Kolbens zugleich die Zugbewegung des andern ist, wodurch eine große Kraftersparnis erzielt wird. In den wesentlichen Punkten ist dies dieselbe Maschine, die wir heute noch haben, seit Watts Zeiten sind nur zwei wesentliche Fortschritte gemacht werden: Cartwrights Kolbenringe, die das Entweichen des Dampfes verhindern, dann das Kreuzgestänge des Haswell, das dem Kolben eine ruhige und gerade Bewegung gibt. Watt wusste natürlich noch nichts von dem thermodynamischen Wert hoher Temperaturen ohne Hochspannung, die Carnot im Jahre 1824 entdeckte, aber selbst wenn er sie gekannt hätte, würde er sie nicht haben verwenden können. Sehr hohe Spannungen konnte man damals noch nicht ausnutzen.

Watts letztes Patent trägt das Datum vom 14. Juli 1785 und betrifft »gewisse neuerdings entdeckte Methoden, Heizkessel zu bauen, um Wasser oder andere Flüssigkeiten zu kochen und in Dampf zu verwandeln, die in Dampfmaschinen eingebaut und auch zu anderen Zwecken benutzt werden können, auch zum Erhitzen und Schmelzen von Metallen und Erzen, bei denen auch die Rauchbildung auf ein geringstes Maß beschränkt ist«. So zahlreich waren die Verbesserungen und Neuerungen, die Watt an der Maschine anbrachte, dass es kaum möglich ist, sie alle anzuführen, wir wollen nur der wichtigsten Erwähnung tun: des Drosselventils, des Regulators, der Dampfpfeife und des Indikators. Papin hatte 100 Jahre zuvor Schießpulver für einen einfacheren Explosionsstoff gehalten als Dampf, und Watt hat auch den Regulator stets für die Erfindung gehalten, auf die er am stolzesten war. Der Regulator ist eine mechanische Anwendung der Zentrifugalkraft: zwei Kugeln rotieren um eine senkrecht stehende Stange, und je schneller die Maschine geht, desto höher kreisen die Kugeln und lassen durch ein Ventil Dampf entweichen. So wurde ein gleichmäßiger Gang der Maschine erzielt, während sie vorher sehr unregelmäßig ging.

Das Neue findet mancherlei Wege, auf dem es kommen kann, auf dem Wege des Nachdenkens oder auf dem Wege, der durch viele Misserfolge gekennzeichnet ist, manchmal blitzt es bei geschickten Erfindern plötzlich auf, aber wir dürfen nicht übersehen, dass bis dahin Jahre voll anhaltenden Studiums über dieses Problem voraufgegangen sind. Eine Verbesserung an der Dampfmaschine hat eine ganz merkwürdige Geschichte. Ein junger Bursche namens Humphrey Potter, der die sehr automatische Arbeit verrichtete, die Sperrhähne an einer Newcomen-Maschine auf und zu zu machen, um das eine Mal Dampf, das andere Mal kaltes Wasser in den Zylinder zu lassen, sann darüber nach, wie er von dieser Tretmühle loskommen könnte. Er wollte mit den andern Jungen, die er nicht weit von seiner Maschine lärmen hörte, mitspielen und erfand eine Vorrichtung, die seine Arbeit selbst besorgte: Er sagte sich, dass seine Arbeit von dem Hebel, der den Kolben zog, mitverrichtet werden könnte, und band die beiden Ventile an bestimmten Punkten des Hebels an, sodass die Abwärtsbewegung des einen Hebebalkens die Klappe des andern öffnete und der andere Balken dieselbe Arbeit tat, wenn er abwärts ging. Nun bediente sich die Maschine selbst, arbeitete und regulierte sich automatisch. Potters Bindfaden wurde durch ein vertikales Gestänge ersetzt, dieses wieder durch andere Vorrichtungen, aber alle beruhten auf dem Prinzip jenes Jungen, der sich die Arbeit ersparen wollte. Es wäre interessant zu erfahren, was aus diesem jugendlichen Erfinder geworden ist, ob er auch für diese wichtige Erfindung anständig belohnt werden ist. Wir suchen vergebene, wir hören nichts von ihm. Wir wollen hier also ein Versäumnis der Geschichte wieder gutmachen und neben den Männern, die an der Erfindung und Vervollkommnung der Dampfmaschine gearbeitet haben, auch diesen jungen Burschen Humphrey Potter nennen.

Noch einmal hat in der Geschichte der Dampfmaschine der Zufall eine Rolle gespielt. Bei den ersten Newcomen-Maschinen lag vor dem Kolbenkopf eine Schicht Wasser, um den Raum zwischen Kolben und Zylinder dicht auszufüllen, – es gab damals noch keine Zylinderbohrer und die Zylinder waren höchst unvollkommen. Zur größten Überraschung der Ingenieure entwickelte eines Tages die Maschine eine größere Schnelligkeit: Durch irgendeinen Zufall war das über dem Kolben stehende kalte Wasser durch eine kleine Öffnung des Kolbens in kleinen Tropfen in den Zylinder durchgedrungen, hatte den Dampf kondensiert und so ein vollkommenes Vakuum geschaffen. Dieser Zufall führte dazu, durch den Kolben systematisch kaltes Wasser zu treiben, um dieselbe Wirkung zu erzielen.

Das Jahr 1783 war das fruchtbarste von allen, die Watt im Banne der Dampfmaschine zugebracht hat: Seine berühmte Entdeckung der Bestandteile des Wassers wurde in diesem Jahr veröffentlicht. Man hat versucht, ihm diesen Ruhm streitig zu machen, jedoch Arago, Liebig und viele andere Autoritäten traten für Watts Priorität ein.

Die wahre Größe und Bescheidenheit Watts zeigte sich nirgends besser als in dieser Streitfrage. Watt schrieb an Black, er habe Dr. Priestley beauftragt, seine Arbeit hierüber in der Akademie vorzulesen. Diese Arbeit räumt mit der Vorstellung auf, dass das Wasser ein Element sei, und wies dessen Zusammensetzung nach. Diese Entdeckung war der Beginn einer neuen Zeit, das Anbrechen der Glanzzeit der Chemie, und war nach Young eine Entdeckung von vielleicht weitertragender Bedeutung als irgendeine andere Errungenschaft des menschlichen Genius. Was Newton für die Erforschung des Lichts, das war Watt für die des Wassers. Jahrelang hielt Watt auch die Luft nur für eine Form des Wassers. Er schreibt an Boulton: »Sie erinnern sich, dass ich öfters zu Ihnen sagte, wenn man Wasser bis zu einem hohen Grade erhitzte, würde man wahrscheinlich Luft gewinnen, der Dampf würde seine latente Wärme verlieren und nur seine messbare Wärme behalten.« An Black schrieb er, er glaube das Problem der Umwandlung von Wasser in Luft gelöst zu haben. Watt hatte auch von den Untersuchungen Priestleys gehört und sich mit ihm in Verbindung gesetzt. Priestley ließ sich aber von den Watt'schen Hypothesen nur sehr langsam überzeugen, es bleibt also kaum zweifelhaft, wem der Ruhm der Entdeckung zuzuschreiben ist.

Eine große Schwierigkeit war für Watt die Benutzung der deutschen Arbeiten auf dem Gebiete der Chemie mit ihren fremden Maßen und Gewichten. Der Kampf um die Einheitsmaße tobt noch heute fort. Nach der Meinung vieler sind die Maße, die eine Nation hat, gut genug für alle, aber ich glaube, dass einmal eine internationale Kommission Ordnung in das Chaos bringen wird. Was die Englisch sprechenden Länder betrifft, so ließe sich, glaube ich, durch kaum merkliche Veränderungen ein bedeutender Schritt vorwärts tun, besonders bei den Münzsorten. England könnte sein Münzsystem mit dem von Kanada und Amerika verschmelzen, indem es den Wert des Pfundes auf fünf Dollar festsetzt. Die Ein- und Zweischillingstücke könnten den Halb- und Vierteldollars gleichgesetzt werden. Maße und Gewichte sind schon schwieriger in Übereinstimmung zu bringen, doch die alles beherrschende Wissenschaft, die keine Unterschiede kennt, sollte überall die gleichen Maße und Gewichte gebrauchen. Anderthalb Jahrhunderte trennen uns von den Tagen, in denen Watt mit dieser Schwierigkeit rechnen musste, aber von dem großen Tage der Einführung eines in der ganzen Welt geltenden einheitlichen Maßes sind wir noch ebenso weit entfernt wie er. Er hat sich jedoch immer als ein wahrer Prophet erwiesen, wenn er der Zukunft Wege vorzeichnete, wir dürfen also hoffen, dass er es auch in diesem Punkte ist.

Im Jahre 1786 machten Boulton und Watt eine Reise nach Paris, wo sie eine sehr schmeichelhafte Aufnahme vonseiten der Regierung fanden, die ihnen den Vorschlag machte, in Frankreich eine Zweigniederlassung ihrer Maschinenfabrik zu errichten. Aber Boulton wie Watt ließen sich nicht darauf ein, weil das gegen die Interessen ihres Heimatlandes sei. Ich glaube, wir sind heute leider weniger feinfühlig geworden. Im Übrigen würde es heute auch zwecklos sein, eine Industrie in ein Land einzusperren, da es heute so leicht ist, Anlagepläne und sachkundige Ingenieure zu bekommen, um so viele Maschinen für irgendeinen Produktionszweig zu bauen, als man will. Auch haben die automatisch arbeitenden Maschinen fast gänzlich die sogenannten gelernten Arbeiter verdrängt. Inder, Mexikaner, Japaner, Chinesen: sie alle lernen in ein paar Monaten das, was man zur Bedienung der Maschinen braucht. Aus diesem Grunde ist die Industrie nicht mehr an gewisse Standorte gebunden und kann sich über die ganze Welt ausbreiten. Alle Nationen haben das Recht, die Einnahmequellen ihres Landes zu entwickeln und zu erhöhen und – wenn es für eine Zeitspanne notwendig ist – aus nationalen Interessen diese Entwicklung zu schützen. Nur wenn das Versuchsstadium gar zu lange dauert, kann man sich für die Erzeugnisse der Nation entscheiden, die sie am besten und billigsten liefern kann.

In Paris hatte Watt Gelegenheit, mit den hervorragendsten Persönlichkeiten, mit den Vertretern der Wissenschaften in Berührung zu kommen, gegenseitig Ideen auszutauschen und einen fruchtbaren Briefwechsel anzuknüpfen. »Von früh bis spät werde ich mit Burgunder und unverdientem Lob trunken gemacht!«, rief er einmal lachend aus. Der Chemiker Berthollet teilte ihm ein neues Bleichverfahren mit und gestattete ihm, es in der Bleicherei seines Schwiegervaters anzuwenden. Frankreich hat nicht wenige Gelehrte, die darauf verzichteten, aus ihren Forschungen Kapital zu schlagen. Das berühmteste Beispiel der Gegenwart ist wohl Pasteur, der nur um des Wohles der Menschheit willen arbeitete, der selbst nur ein einfaches, aber ideales Leben führte, ohne Palast, großen Landbesitz und Luxus. Wie Agassiz war er viel zu beschäftigt, als um Geld zusammenzuscharren.

Watt entging nicht dem unvermeidlichen Geschick aller Erfinder: Von allen Seiten suchten Neider ihm seine Erfindungen abzusprechen, ihm die Ehre des ersten Gedankens zu nehmen.

Die meisten dieser Angriffe lohnen der Widerlegung kaum. Im unbegrenzten Reich der Möglichkeiten sind noch unzählige neue Entdeckungen zu machen und Dutzende von unternehmenden Köpfen auf der ganzen Welt sinnen manchmal über dasselbe Problem nach. Eine neue Idee blitzt in dem Kopfe des einen von ihnen auf und verschwindet ebenso schnell wieder oder wird nach ein paar erfolglosen Versuchen fallen gelassen. Eines Tages kommt die Nachricht von einem Triumphe, von dem Erfolg derselben Idee – nur mit einer kleinen Veränderung. Aber dieser kleine Schritt weiter, diese kleine Änderung, so unscheinbar sie vielleicht sein mag, ist entscheidend für den Erfolg. Derjenige, der sie machte, hat den Schlüssel in der Hand, der die Tür zur Schatzkammer öffnet. Er hat das Ei auf den Tisch gestellt, vielleicht auf eine andere Weise, als indem er die eine Spitze eindrückte. Und dann ersteht ringsherum ein Chor von Schreiern, von denen ein jeder die Entdeckung schon lange gemacht haben will. An der Wahrheit ihrer Behauptungen ist kein Zweifel, ihre Proteste sind vielleicht ganz ehrlich gemeint, und sie alle sind überzeugt, dass sie selbst, nicht jener Gepriesene zuerst die Entdeckung gemacht hat. Eben lese ich in der Zeitung einen Brief des Sohnes Morses, in dem er dafür eintritt, dass sein Vater den Telegraphen erfunden hat und nicht der Mitarbeiter Morses, Vaul, für den dessen Sohn den Ruhm der Erfindung in Anspruch nimmt. Der oberste Gerichtshof der Vereinigten Staaten, der über so viele Patentstreitigkeiten zu entscheiden hat, geht für seine Entscheidungen von folgenden Grundprinzipien aus: 1. »Ist die Erfindung von Bedeutung?« und 2. »Wer hat sie zuerst für den Gebrauch verwertbar gemacht? – Von der Beantwortung dieser Fragen hängt seine Entscheidung ab.

Die Kosten der Rechtsstreitigkeiten waren, verglichen mit den sonstigen niedrigen Preisen jener Zeit, ganz ungeheuerlich hoch. Die Rechnung der Rechtsanwälte Watts betrug 60.000 Pfund Sterling, jedoch erscheint diese Summe in einem andern Licht, wenn wir bedenken, dass der Streit sich vier Jahre lang hinzog. Die erste Instanz entschied zugunsten Watts. In der zweiten war das Richterkollegium geteilter Meinung, zwei Richter waren für, zwei gegen die Fortdauer des Patentes: Ein besonders für diesen Fall eingesetztes Gericht entschied wieder für Watt. Eine Revision des Urteils hatte nur den Erfolg, dass das Urteil bestätigt wurde. So wurden alle Angriffe auf Watt siegreich abgeschlagen. Die Entscheidung des Gerichts ist für die ganze englische Patentgesetzgebung von Bedeutung geworden. Die Gegner wurden wegen ihres Piratentums zu schweren Bußen verurteilt. Watts »Spezifikationen« hatten sich also bewährt, und noch lange nachher gedenkt er ihrer als seiner treuesten und besten Helfer bei seinen Prozessen.

Um die Jahrhundertwende lief die Zeitdauer des zwischen Boulton und Watt geschlossenen Gesellschaftsvertrages ab. In der Blüte ihrer Mannesjahre – Boulton war damals 50, Watt 40 Jahre – hatten sie sich zu gemeinsamem Zusammenarbeiten die Hände gereicht, und nach einem Vierteljahrhundert voll Arbeit und Sorge wollten sie die Arbeit auf jüngere Schultern legen. Die Teilhaberschaft wurde erneuert, aber auf der Grundlage, dass beider Söhne: James Watt junior, Mathew Robinson Boulton und Gregory Watt, alle von hervorragender Begabung und mit

dem Betriebe völlig vertraut, an die Stelle der beiden Väter
traten, die in weiser Voraussicht schon lange den jüngeren
Nachwuchs in die einzelnen Zweige ihres Betriebes eingeführt hatten. Sie hatten verhindert, dass die Kräfte und
Fähigkeiten ihrer Söhne sich verzettelten, hatten sie früh-
zeitig auf das Wertvolle hingelenkt und so ihnen spätere
Enttäuschungen und Demütigungen erspart. Der frühe
Tod Gregory Watts, der zu den besten Hoffnungen berech-
tigte, und der besonders wissenschaftlich und literarisch
gebildet war, stellte den alten Stand der zwei Teilhaber
wieder her, die ununterbrochen 40 Jahre lang zusammen
arbeiteten und sich dann zugunsten ihrer Söhne vom
Geschäft zurückzogen. Sie bewährten sich als großzü-
gige Unternehmer, und obwohl nach Ablauf des Patents
die Herstellung von Maschinen jedem andern freistand,
wuchs ihr Betrieb weiter und warf immer mehr Gewinn
ab. Der Erfolg der Soho-Werke war in erster Linie das Ver-
dienst der beiden Inhaber, aber ein gut Teil verdankten sie
ihren tüchtigen Mitarbeitern, von denen Murdock an erster Stelle zu nennen ist. Nie war dieser wirklicher Teilhaber, aber er war den Inhabern völlig gleichgestellt dadurch,
dass er, ohne ein eigenes Risiko zu tragen, ein jährliches
Gehalt von 1000 Pfund bezog. Im Jahre 1830 setzte auch
er sich zur Ruhe und lebte noch bis 1839. In der Hands-
worthkirche liegen seine Gebeine neben denen Boultons
und Watts, ein Porträt von der Hand des Bildhauers Chantrey hat uns die männlichen und geistvollen Züge dieses
seltenen Mannes erhalten.

Als Früchte seiner Mußestunden hat uns Watt eine
Reihe wichtiger, heute noch im Gebrauch befindlicher
Erfindungen geschenkt, so einen Apparat, mittels des Fern-
rohrs Entfernungen zu messen, einen Apparat zum Über-
tragen und Vergrößern von Zeichnungen, von denen er 80
nach allen Teilen der Welt absetzte. Er konnte nicht müßig

sein. »Ohne ein Steckenpferd, was ist das Leben wert?«, soll er oft gesagt haben.

Der beste Beweis eines erfolgreichen Lebens ist ein friedliches Alter. In seinem Laboratorium, »seinem Königreich«, verfolgte er alle technischen Neuheiten. Im Jahre 1802 ging er zum zweiten Male nach Paris und erneuerte die alten Beziehungen. Dann durchreiste er ganz England und Schottland. In Wales erwarb er einen Landsitz und wurde so in seinen alten Tagen noch ein Landlord, der sich von denen seiner Heimat kaum unterschied, pflegte seinen Garten und machte sein Haus zum Sammelpunkt seiner Freunde. Zweimal wurde er zum Sheriff gewählt, aber beide Male wurde er nicht bestätigt, mit der Begründung, dass er nicht der englischen Hochkirche angehöre, sondern schottischer Presbyterianer sei – das war Grund genug in jenen Zeiten!

Der Tag kam auch für Watt, an dem er die traurigste aller Entdeckungen machen musste, dass seine Freunde einer nach dem andern dahingegangen waren, dass der wenigen Übrigbleibenden immer weniger, dass es immer einsamer um ihn wurde. Im Jahre 1794 war Roebuck gestorben, 1802 Darwin, der Dichter des »silbernen Gesanges«, 1804 sein Sohn Gregory, 1805 Robison, 1809 Boulton, 1817 de Luc. Er komme sich vor, sagte er, wie ein hilflos unter Fremden Ausgesetzter, als der Sohn einer längst entschwundenen Zeit.

Wir sehen auch, dass er einen Teil seines Vermögens für höhere Zwecke verwandte, so stiftete er für die Universität Glasgow, der er so viel verdankte, den Wattpreis. »Ich möchte einen Beweis meines Gedenkens und meiner Dankbarkeit geben und gleichzeitig einen Ansporn zu emsigem Forschen und Streben unter den Studenten der Glasgower Universität, deren Existenz mir von größerer Bedeutung zu sein scheint als die Englands, denn eine Nation ist in weitem Maße von den Errungenschaften von Wissenschaft und Kunst abhängig«; so heißt es in der Stiftungsurkunde. Das chemische Laboratorium der Universität trägt seinen Namen. Im Jahre 1806 machte er für seine Vaterstadt Greenock eine Stiftung, die in einer wissenschaftlichen Bibliothek bestand. Es war seine Absicht, in dieser Bibliothek der Jugend von Greenock eine Handhabe zu geben, eine Quelle, aus der sie Belehrung schöpfen könnte. Die Bibliothek ist durch andere Stifter auf 15.000 Bände angewachsen und ist eine wertvolle Ergänzung des Watt-Instituts geworden, des geistigen Zentrums von Greenock. Viele gelehrte Körperschaften häuften Ehrungen auf den Erfinder. Die Universität Glasgow ernannte ihn zum Ehrendoktor, die Gesellschaft der Wissenschaften in Edinburgh machte ihn zu ihrem Mitgliede, ebenso die Royal Society in London, er wurde auch korrespondierendes Mitglied der französischen Akademie der Wissenschaften. Watts fast krankhafte Scheu vor der Öffentlichkeit hat wohl noch manche Stiftung unbekannt gelassen, wenigstens versichert uns dies sein Biograph Muirhead. Watt gehörte zu denen, die nur den Herrgott als Schuldner haben wollen.

Eine leichte Erkrankung im Herbst 1819, die anfänglich von keiner Bedeutung schien, fühlte Watt als Vorboten seines nahen Endes. Er nahm diese Vorladung ruhig und gefasst auf, er hatte, wenn er rückwärtsschauend sein Leben überblickte, nichts zu bereuen und vorwärtsblickend nichts zu befürchten. Er brachte oft seine Dankbarkeit gegenüber dem Geber alles Guten, der das Werk seiner Hände so sichtlich gesegnet und ihm eine lange Reihe von Jahren Reichtum und Ehren gegeben, zum Ausdruck. Am 19. August 1819 hauchte er, 83 Jahre alt, in seinem Heim in Hathfield, tief betrauert von allen, die ihn kannten, seine Seele aus. Auf dem friedlichen Kirchhofe des Dorfes wurde er neben Boulton zur letzten Ruhe bestattet.

Im Leben waren sie treue Freunde und Teilhaber gewesen, ohne die geringsten Zwistigkeiten hatten sie Schulter an Schulter gekämpft, sie wurden auch im Tode nicht getrennt. Es geht etwas Erfrischendes und Ermutigendes von dem Leben dieser Männer aus bei der Betrachtung ihrer ohnegleichen dastehenden Geschäftsverbindung. Wir werden dieses Ideal des Zusammenarbeitens zweier Menschen wohl nie erreichen, aber wir wollen versuchen, ihnen ähnlich zu werden.

Bald nach seinem Tode wurden Schritte getan, ihm in der Westminsterabtei ein Denkmal zu errichten; an der Spitze des Ausschusses stand der damalige Premierminister, auch der König zeichnete 500 Pfund. Chantrey schuf das überlebensgroße Standbild, das die eindrucksvolle Inschrift von Lord Brougham trägt: »Nicht um eines Mannes zu gedenken, der alle Zeiten überdauern wird, in denen friedliche Künste blühen, sondern um zu zeigen, dass die Menschen gelernt haben, diejenigen zu ehren, die sich ihrer Dankbarkeit würdig gemacht, haben der König, die Minister und viele Adlige und Bürger des Königreiches dieses Denkmal für James Watt errichtet, der die Kraft seines ursprünglichen Genius, erprobt in wissenschaftlicher Forschung, dem Ausbau der Dampfmaschine widmete, die Einnahmequellen seines Landes vermehrte, die Menschenkraft steigerte und unter den leuchtenden Vertretern der Wissenschaft und Wohltätern der Menschen für immer einen Ehrenplatz erworben hat.«

Die letzte Arbeitsstätte dieses großen Arbeiters ist heute für die Besucher geöffnet, Pilger aus allen Landen suchen sie auf wie Shakespeares Grab oder das Landgut von Burns oder wie Abbotsford.

Im Urteil der Mit- und Nachwelt

Von dem Genius Watts, seinen außerordentlichen Fähigkeiten, von dem Gelehrten und Philosophen, von dem Physiker und Mechaniker, von ihm als dem Mittelpunkt des geistigen Lebens Schottlands – von all dem haben wir gehört, wir haben ihn bewundert, aber es war doch nur eine Seite dieser Ausnahmenatur. Wenn man all die äußeren Erfolge von ihm abstreifen könnte, was für ein Mensch würde wohl übrig bleiben? Hatte er besondere geistige, seelische Anlagen, die seinen beispiellosen Ruhm rechtfertigen? Haben sie etwas mit ihm als Entdecker oder Erfinder zu tun? Ich empfinde eine Scheu davor, selbst über den Menschen zu urteilen, ich möchte deshalb nur die Urteile derer hier anführen, die ihn besser kannten, und ihrer ist eine große Zahl; selten wohl hat ein großer Mann so viele Lobredner gefunden wie er, angefangen von seinen näheren Freunden bis auf die Gegenwart. Ich beginne mit der Charakteristik Lord Jeffreys, der ihm als schuldigen Tribut der Freundschaft folgendes Denkmal setzte: »Sein Name bedarf unserer Zunge nicht, um ihn der Nachwelt zu überliefern, sein Ruhm ist unbestritten, seine Krone unbeneidet, und noch manche Generation wird dahingehen, bevor sein Ruhm den Höhepunkt erlangt haben wird. Er ist nicht der Ausbauer der Dampfmaschine gewesen, sondern im Hinblick auf die wunderbare Struktur, die unbegrenzte Verwendungsmöglichkeit, die Sicherheit der Arbeit und die noch schlummernden Kraftsteigerungen ihr wirklicher Erfinder. Er glich einem

Elefanten, der ebenso leicht eine Nadel aufzuheben vermag wie einen Eichbaum zu entwurzeln, der in widerspenstiges Metall ein Siegel einzudrücken vermag, eiserne Blöcke in Fäden zu ziehen, dünner denn ein Sommerfaden, und ein Kriegsschiff in die Luft zu heben, als wäre es eine Seifenblase, ebenso leicht die feinsten Stiche auf Musselin zu machen wie mächtige Anker zu schmieden, Stahl in dünne Streifen zu schneiden wie beladene Schiffe auf den Wogen gegen Wind und Wetter dahinzutreiben. Es ist unmöglich, in Zahlen auszudrücken, wie viel England diesem Wohltäter verdankt, es gibt keinen Zweig unserer großen Industrie, der ihm nicht zu Dank verpflichtet wäre, nicht nur die Betätigungsgebiete sind vervielfältigt werden, auch die Höhe der Produktion ist vertausend- und millionenfacht worden. Mit der Dampfmaschine hat England siegreich gegen den Kontinent gekämpft, ihr verdankt es seine Größe. Es ist dieselbe Kraft, die es uns ermöglicht, die Zinsen unserer Staatsschuld zu zahlen und uns sogar über die Staaten zu erheben, die weniger von Steuerlasten bedrückt sind. Aber dies ist nur die kleinere und weniger bedeutende Seite der Sache: Die Dampfmaschine hat vor allem die Lebensbedingungen verbessert, den Komfort und die angenehmeren Seiten des menschlichen Daseins billiger und leichter zugänglich gemacht, sie hat Reichtum und Wohlstand auf mehr Menschen verteilt. Sie hat die Hand des Schwachen stark gemacht und die Kraft des Einzelnen ins Ungemessene gesteigert, sie hat die Herrschaft des Geistes über den größten Teil der Materie befestigt und den sicheren Grund gelegt zu allen technischen Wundern der Zukunft, um menschliche Arbeit zu unterstützen und zu lohnen. Nie hat ein Mensch der Welt so Großes geschenkt, keiner der Menschen ist leer ausgegangen, keiner kann die Größe des Geschenkes überblicken. Die sagenhaften Erfinder des Pfluges und des Webstuhls wurden unter die Götter versetzt, welcher Dank soll nun dem gebühren, der mehr getan als jene? Dabei dürfen jene, die in Watt den Erfinder der Dampfmaschine erblicken, nicht übersehen, dass derselbe Genius sich in die tiefsten Geheimnisse der Philosophie versenken, dass derselbe von den schwierigsten Untersuchungen über Geologie und Astronomie, über den Bau und die Form des Weltalls herabsteigen konnte zu einem nicht minder ernsten Gespräch über die Herstellung eines Nagels oder einer Nadel, um wieder zu den letzten Fragen der Kunst, zu den Schönheiten der klassischen Literatur und in die entlegensten Gebiete der Wissenschaft emporzusteigen! Eine Eigenschaft erhob ihn turmhoch über alle andern Erfinder: Er war völlig frei von jeglicher Eifersucht, er übte strenge Selbstzucht, gewissenhafte Selbstverleugnung, er war ängstlich bemüht, auch den Schein zu vermeiden, als eigne er sich etwas an, was andern zukommt. Ich habe ihn einmal die Ehre zurückweisen hören, dass er der Erfinder der Dampfmaschine sei, er nannte sich bescheiden nur ihren Verbesserer. Aber mit demselben Recht gebührt ihm dieser Ruhm, wie man Newton auch nicht den Ruhm seiner Entdeckung streitig macht, weil Descartes und Galilei ihm vorausgegangen sind. Seine einzige Eifersucht war, nur darüber zu wachen, dass die Rechte anderer nicht verkürzt würden. Er stellte mit Recht wissenschaftliche Entdeckungen über jeden andern Besitz und hielt den Ruhm eines Entdeckers für so heilig, dass er stundenlang über solche strittige Fragen reden konnte; und wenn sein Blut einmal je aufwallte, so war es deswegen, weil er jemanden von einem andern in seinen Rechten benachteiligt sah, oder wenn plumpe Schmeichelei ihm etwas zumessen wollte, was ihm nicht gebührte. Ganz unabhängig von seinen sonstigen Erfolgen war Watt ein ganz außerordentlicher, in vieler Beziehung wunderbarer Mann. Er war der

Belesenste seines Zeitalters, er besaß eine schnelle Auffassungsgabe, ein bewundernswertes Gedächtnis, eine methodisch-kritische Veranlagung, die Gabe, das Wichtigste sofort herauszufinden. Die Schatzkammern seines Wissens waren unermesslich, und erstaunlicher als dies war, dass er über sein Wissen zu jeder Zeit verfügen konnte. Immer schien es, als hätte er den Gegenstand, über den er sich gerade unterhielt, erst kürzlich genau studiert. Ohne Stocken und Abbrechen entströmte ihm, was er sagte, in einer Fülle, mit einer Bestimmtheit und Klarheit, als sei er gerade auf diesem Gebiete Fachmann. Dass er über Physik und Chemie umfassende Kenntnisse besaß, ist selbstverständlich, aber erstaunen müssen wir, wenn wir bei einem solchen Manne auch gediegene Kenntnisse in Archäologie, Metaphysik, Medizin, Etymologie, Architektur, Musik und in der Gesetzeskunde finden, er beherrschte alle bedeutenderen modernen Sprachen und war mit den neuesten Erscheinungen ihrer Literatur völlig vertraut. Man ist erstaunt, wenn man hört, dass der große Ingenieur eine stundenlange, ganz ins Einzelne gehende und den Gegenstand erschöpfende Unterhaltung führen konnte über die metaphysischen Theorien der neueren deutschen Philosophen oder über die Versmaße und Stoffgebiete der deutschen Dichtungen. Sein erstaunliches Gedächtnis wurde durch eine noch seltenere Fähigkeit unterstützt: alles Aufgenommene zu verarbeiten und dem früheren Wissen einzuordnen, es zu reinigen von allem Unwesentlichen und Wertlosen. Jeder neue Gedanke, den er hatte, nahm sofort die richtige Stelle ein und die passende Form an. Er ließ sich nie durch Wortgeklingel oder oberflächliche Bücher verblüffen, mithilfe einer Art geistiger Chemie destillierte er sofort heraus, was der Beachtung wert war, und führte es auf seine einfachste Form zurück. Oft kam es vor, dass man aus seinen kurzen und markigen Ausführungen mehr lernte als aus den dickleibigen, langweiligen Originalschriften, denn seine Auszüge waren kristallheller, durch intensives Studium gewonnener letzter Extrakt, vor seinem scharfen Geist und klaren Auge schrumpfte alles auf seinen wahren Wert zusammen, so sehr es auch andere irreführen mochte. Es ist nicht erst nötig, dass ich hinzufüge, dass bei solchen Geistesanlagen und Schätzen eine Unterhaltung mit ihm in ungewöhnlichem Grade bereichernd und belehrend war, sie besaß außerdem all den Zauber des Freundlichen, Gefälligen, Anheimelnden. Man konnte sich nicht besser in der Gesellschaft bewegen, nicht höflicher zu der Umgebung sein als er. Er liebte besonders in den letzten Jahren seines Lebens die Gesellschaft und öffnete in manch einem ganz verborgene Fähigkeiten. Er schien keine besondere Vorliebe für irgendeinen Gegenstand zu haben, wie auch in einer Enzyklopädie alles gleichberechtigt nebeneinander steht und ein Band genauso wichtig ist wie ein anderer. Seine einem abgrundtiefen Wissen entströmenden Gespräche hatten nie den Anschein, als seien sie Wiedergaben von Gelesenem. Dazu besaß er einen aus dem Innersten kommenden ruhigen Humor, der sich durch alle seine Gespräche hindurchzog. Oft erzählte er Anekdoten mit einem ruhigen Lächeln auf seinem heiteren Gesicht, bisweilen durchwürzt er die Unterhaltung durch Scherze. Seine Stimme war tief und klangvoll, für gewöhnlich aber sprach er gedämpft und ein wenig monoton, ohne Effekthascherei oder Erregbarkeit, Stolz oder Gedankenlosigkeit, immer versetzte er sich in den Standpunkt des anderen. Alles Vorlaute, Gezierte, Anmaßende war ihm ein Gräuel, alles Betrügerische, Verlogene entlarvte er durch sein männliches, unerschrockenes Auftreten. Er achtete die Gefühle derer, die mit ihm zu tun hatten, für junge Leute hatte er immer ein Wort der Aufmunterung bereit und half ihnen, wenn sie ihn um Rat oder Unterstützung angingen. Seine Gesundheit, die in seiner Jugend zart und schwächlich war, schien mit den Jahren immer kräftiger zu werden, bis zum letzten Augenblick war er im Vollbesitze seiner geistigen Fähigkeiten, erfreute er sich einer erstaunlichen Regsamkeit des Geistes, die ihn in seinen besten Jahren immer ausgezeichnet hatte, die Entwürfe des 80-jährigen sahen aus wie die eines jungen Künstlers.

Sein Jugendfreund, Professor Robison, berichtet, dass Watt mit einem überlegenen Wissen eine Ursprünglichkeit, Einfachheit und Reinheit des Charakters verband, dass er, der viel in der Welt herumgekommen war, nirgend ein solches Beispiel sah, wie ein Mensch so mächtig alles an sich zog gleich einem Magneten.

Walter Scott preist ihn als den mächtigen Beherrscher der Elemente, der der Zeit und dem Raume andere Gesetze aufzwang, nennt ihn einen Zauberer, der der Welt ein anderes Ansehen gegeben, dessen Wirksamkeit bei seinem Tode kaum erst begonnen hat. »Ich glaube ihn vor mir zu sehen, seine Stimme zu hören, und doch werde ich es nie mehr tun. Der lebhafte, freundliche, wohlwollende alte Mann hatte für alles Interesse, hörte jeden Fragenden oder Bittenden an. Mit einem bedeutenden Philologen sprach er einmal über den Ursprung des Alphabets, als sei er ein Zeitgenosse des Kadmos gewesen, ein berühmter Kritiker glaubte, Watt hätte sein ganzes Leben sich nur mit volkswirtschaftlichen und schöngeistigen Dingen beschäftigt. Ich brauche nicht hinzuzufügen, dass er ein Gelehrter war, die ganze Wissenschaft war seine Domäne.«

Lord Brougham, der seine Grabinschrift schrieb, sagte von Watt: »Es ist nicht leicht, seine Persönlichkeit zu beurteilen. Er war ein außergewöhnlicher Mensch in jeder Beziehung, seine Schaffenskraft unbegrenzt, sein Leben alles andere als alltäglich, aber sein Wesen war anziehend durch seine Einfachheit und Natürlichkeit, er zeigte in seinem Reden und Tun einer erlesenen Geschmack. Aufklärungen aus seinem Munde zu vernehmen, war ein Genuss, unbefangen trat er an jede neue Frage oder Erscheinung. Wenn er als Autorität sprach, trug er seine Ansicht mit derselben Liebenswürdigkeit vor, wie wenn er über irgendetwas Fernliegendes spräche. Ich hatte das Glück, ihn durch viele Jahre hindurch zu kennen und ihm näherzutreten, und ich kann das Zeugnis ablegen, wobei ich mich eins weiß mit allen, die das gleiche Glück hatten, dass diejenigen, die ihn nur von seinem so wunderbaren und verdienstlichen äußeren Leben kannten, kaum die Hälfte seiner wirklichen Größe kannten; aber diejenigen, die ihm nähertreten durften, werden bezeugen, dass ihnen keine reinere, einfachere, rechtlichere Persönlichkeit im Leben begegnet ist als er. Derselbe Zauber seiner Persönlichkeit, der seine Zeitgenossen im Banne hielt, wird auch für die Nachwelt seine Kraft nicht verlieren, wir können ihm nicht besser unsern schuldigen Tribut abstatten, als dass wir diese Persönlichkeit auf uns wirken lassen.«

Von der politischen Betätigung Watts finden wir nur ein einziges Beispiel. Im Jahre 1784 verfasste er eine Adresse an den König wegen der Ernennung Pitts zum Premierminister, der eine Steuer auf Kohlen, Eisen, Kupfer und andere Rohprodukte vorgeschlagen hatte. Die Steuer sollte eine Million Pfund bringen, aber für die noch in den Kinderschuhen steckende Industrie war diese Summe eine allzu schwere Belastung. »Für eine Industrienation sind Steuern auf Rohprodukte Selbstmord; besteuert doch den Luxus, den Genuss, das Einkommen! Es ist nicht gut, der Henne den Hals zuzudrücken, die goldene Eier legt«, sagte Watt. Pitts Politik bewährte sich nicht, und man kehrte bald zu den Lehren des Adam Smith zurück.